5초 만에 답이 나오는 99단 곱셈 훈련서

징검다리 교육연구소, 이상숙 지음

바쁜 초등학생을 위한 빠른 99단

이지스 에듀

지은이 | 징검다리 교육연구소, 이상숙

징검다리 교육연구소는 바쁜 친구들을 위한 빠른 학습법을 연구하는 이지스에듀의 공부 연구소입니다. 아이들이 기계적으로 공부하지 않도록, 두뇌가 활성화되는 과학적 학습 설계가 적용된 책을 만듭니다.

이상숙 선생님은 초등 수학 교재를 개발해 온 24년 차 기획 편집자이자 목동에서 아이들을 가르치고 있는 수학선생님입니다. 대표적인 학습 도서로는 《7살 첫 수학: 동전과 지폐 세기》, 《7살 첫 수학: 길이와 무게 재기》, 《바쁜 3, 4학년을 위한 빠른 소수》, 《바쁜 초등학생을 위한 빠른 19단》이 있으며, 자녀 교육 지도서로는 《내 아이 수학 약점을 찾아라》, 《초등수학 이렇게만 하면 됩니다》 등이 있습니다. 현재는 회원 수 19만 명의 네이버 [초등맘 카페]에서 수학 교육 자문위원으로 활동하고 있습니다. 유튜브 [목동진주언니]에서 학부모님을 위한 다양한 수학 콘텐츠를 제공하며 활발히 소통 중입니다. 삼성출판사, 동아출판사, 천재교육 등에서 초등 수학을 대표하는 브랜드 교재들의 개발에 참여하기도 했습니다.

바쁜 친구들이 즐거워지는 빠른 학습법 — '바빠' 시리즈

바쁜 초등학생을 위한 빠른 99단

초판 발행 2026년 4월 20일
지은이 징검다리 교육연구소, 이상숙
발행인 이지연
펴낸곳 이지스퍼블리싱(주)
출판사 등록번호 제31-2010-123호
주소 서울시 마포구 잔다리로 109 이지스 빌딩 5층(우편번호 04003)
대표전화 02-325-1722 **팩스** 02-326-1723
이지스퍼블리싱 홈페이지 www.easyspub.com **이지스에듀 카페** www.easysedu.co.kr
바빠 아지트 블로그 blog.naver.com/easyspub **인스타그램** @easys_edu
페이스북 www.facebook.com/easyspub2014 **이메일** service@easyspub.co.kr

기획 및 책임 편집 박지연, 김현주, 김경진, 이지혜 **교정 교열** 김지영 **원고 감수** 대치동설티 김설훈
표지 및 내지 디자인 제갈애슬 **전산편집** 이츠북스 **인쇄** 보광문화사
영업 및 문의 이주동, 김요한(support@easyspub.co.kr) **마케팅** 라혜주, 김지수 **독자 지원** 박애림, 이세진, 김수경

ISBN 979-11-6303-843-6 64410
ISBN 979-11-6303-253-3(세트)
가격 12,000원

• **이지스에듀**는 이지스퍼블리싱(주)의 교육 브랜드입니다.
  (이지스에듀는 아이들을 탈락시키지 않고 모두 목적지까지 데리고 가는 정신으로 책을 만듭니다!)

곱셈이 빨라지니 시험 볼 때 시간이 남아요!

 **어렵게 풀지 말고, 빠른 셈으로 풀어요!**

곱셈의 첫걸음인 구구단은 완벽하게 암기하는 것이 목표입니다. 하지만 두 자리 수의 곱부터 는 수의 범위가 커져 답을 외우거나 암산하기 어렵죠. 특히 올림이 많은 곱셈에서는 계산 실수 가 잦아지기 마련입니다. 그렇다면 곱셈을 많이 풀기만 하면 속도가 빨라질까요? 아쉽게도 투 자한 시간 대비 그렇게 빨라지지는 않을 거예요. 하지만 빠른 셈의 원리를 알고 요령 있게 푼 다면 계산 속도가 아주 빠르게 개선됩니다.

99단을 빠른 셈으로 빠르게 풀 수 있다면 고학년 수학 공부가 매우 수월해집니다. 계산이 빨 라지면 그만큼 생각할 시간이 늘어나는데, 남는 시간에 검산을 하거나 어려운 문제를 해결하 는데 더 집중한다면 고득점으로 이어질 수 있습니다. 또한 초등 고학년 때 99단을 훈련해 두 면 더 나아가 중·고등 수학은 물론 수능까지도 활용할 수 있을 거예요. 시간 효율성 최고인 빠 른 셈을 '바빠 99단'으로 익혀 보세요!

 **99단 곱셈 답이 저절로 나오는 방법, 시작은 이렇게 해요!**

'바빠 99단'에서는 곱셈을 직사각형의 넓이로 구하는 방식으로 시 작합니다. 그림을 이용하면 99단 곱셈을 '간단한 곱의 합'으로 나타 낼 수 있습니다. 최종 목표는 빠른 셈이지만 그 비법의 이유를 알고 푸는 것과 모르고 푸는 것은 다릅니다! 구구단을 원리로 다진 후 외 우듯이 99단도 빠른 셈을 위한 원리부터 이해해야 응용력과 사고 력이 길러집니다.

 ### 원리 이해부터 '5초 계산법'까지 단계적으로 연습해요!

이 책은 비법의 시작인 원리 이해 단계부터 빠른 셈을 위해 조금씩 수준을 높여 도전하는 바빠의 '작은 발걸음 방식(small step)'으로 학습 효율을 높였습니다. 처음에는 99단을 '간단한 곱의 합'으로 나타내는 연습을 합니다. 그리고 서서히 한 과정씩 생략하면서 빠른 셈에 도전해 볼 수 있습니다. 최종적으로 모든 99단 곱셈을 5초 만에 풀 수 있는 비법을 완성해 보세요!

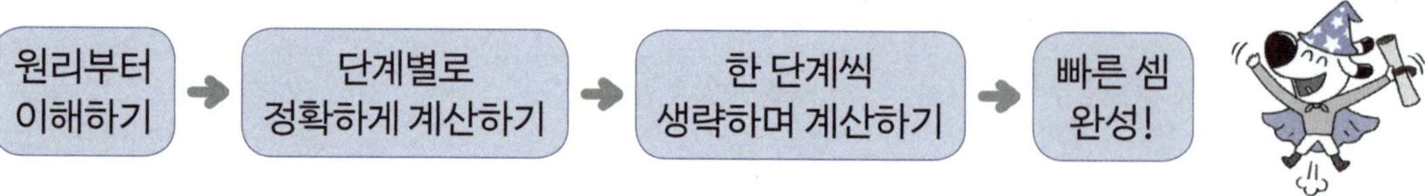

 ### 특정한 수 범위부터 모든 경우의 99단까지 빠르게 풀 수 있어요!

이 책은 곱하는 두 수에 규칙이 있는 99단 곱셈을 먼저 풀도록 구성했습니다. 이 경우처럼 특정한 수 범위에서는 '3초 계산법'으로 답이 암산으로 바로 나옵니다. 그리고 '3초 계산법'이 훈련되면 모든 99단이 빨라지는 '5초 계산법'까지 도전해 보세요!

 ### '5초 곱셈 통과 문제', 풀 수 있다면 비법 전수 끝!

99단 곱셈을 완성한 후 스스로 점검할 수 있는 통과 문제를 구성했습니다. 식을 보고 암산으로 답을 바로 말해도 좋고, 앞에서 연습한 방법인 간단한 식으로 바꾸어 풀어도 좋아요. 비법을 써먹으면서 누구보다도 빠른 셈으로 마무리해 보세요!

*99단은 두 자리 수의 곱셈을 끝낸 고학년 친구들이 배우는 것을 권장합니다.

99단 곱셈을 정말 5초 만에 풀 수 있나요?

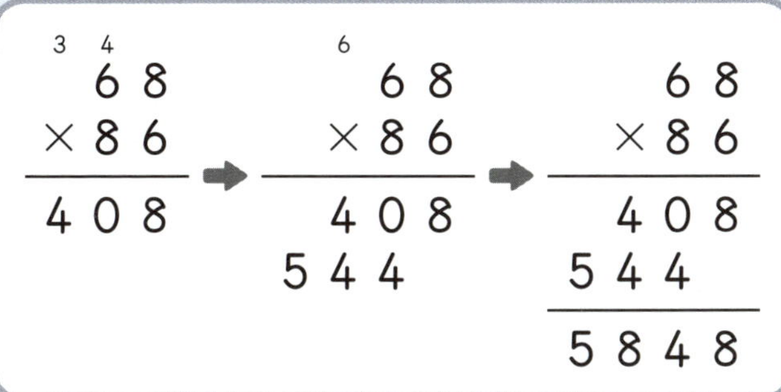

68×86과 같은 99단 곱셈은 올림이 많아 빠르고 정확하게 풀기 힘들어요.

'두 자리 수의 곱셈'은 곱하는 수를 일의 자리 수와 십의 자리 수로 각각 계산한 다음 더해야 해요. 계산 과정이 조금 복잡하죠?

위의 곱셈 풀이 방법도 물론 중요하지만 연산 속도와 정확성을 높이려면 좀 더 쉬운 방법이 필요해요. 그렇다면 99단 곱셈을 더 쉽고 빠르게 계산하는 방법이 있을까요?

'바빠'와 함께라면 99단 빠른 셈의 원리와 이유를 알고 이용해 쉽고 재미있게 풀 수 있어요. 계산 과정이 간단해지면 실수도 줄고, 계산이 빨라져 자신감이 생길 거예요!

고학년 수학에서 가장 많이 활용할 수 있는 곱셈인 99단을 간단하고 빠르게 할 수 있다면 정말 편할 거예요.
마법 같은 99단 곱셈 비법을 이제 배우러 가 볼까요?

1단계 도형 그림으로 99단 곱셈법 원리부터 이해해요!

'비법의 시작'에서는 그림을 보면서 곱하는 두 수에 규칙이 있는 99단 곱셈법의 원리를 배울 거예요. 99단 곱셈을 보고 원리 그림을 떠올릴 수 있도록 직접 그려 보면서 연습해 봐요!

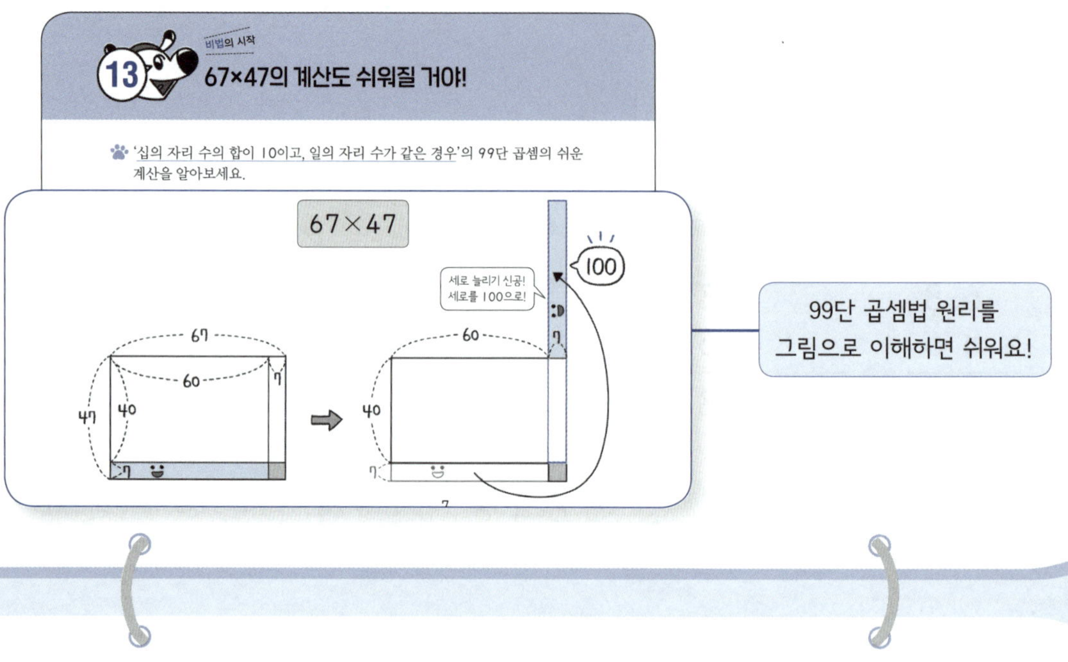

2단계 99단 곱셈을 간단한 식으로 바꾸어 풀어요!

앞에서 배운 비법을 써먹어 99단 곱셈을 '간단한 곱의 합'으로 바꾸어 푸는 연습을 할 거예요. 계산 과정을 정확하게 쓰면서 집중 훈련해 봐요!

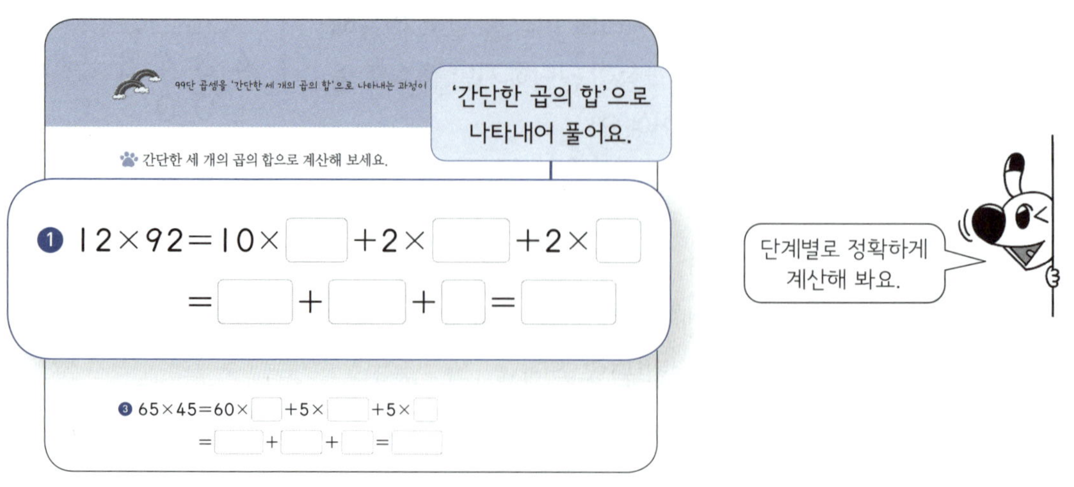

3단계 99단 곱셈 답이 바로 나오는 빠른 셈에 도전해요!

계산 과정을 줄여 암산으로 답을 바로 써 볼 거예요. '간단한 곱의 합'으로 나타내는 단계를 줄이면 계산이 빨라져요!

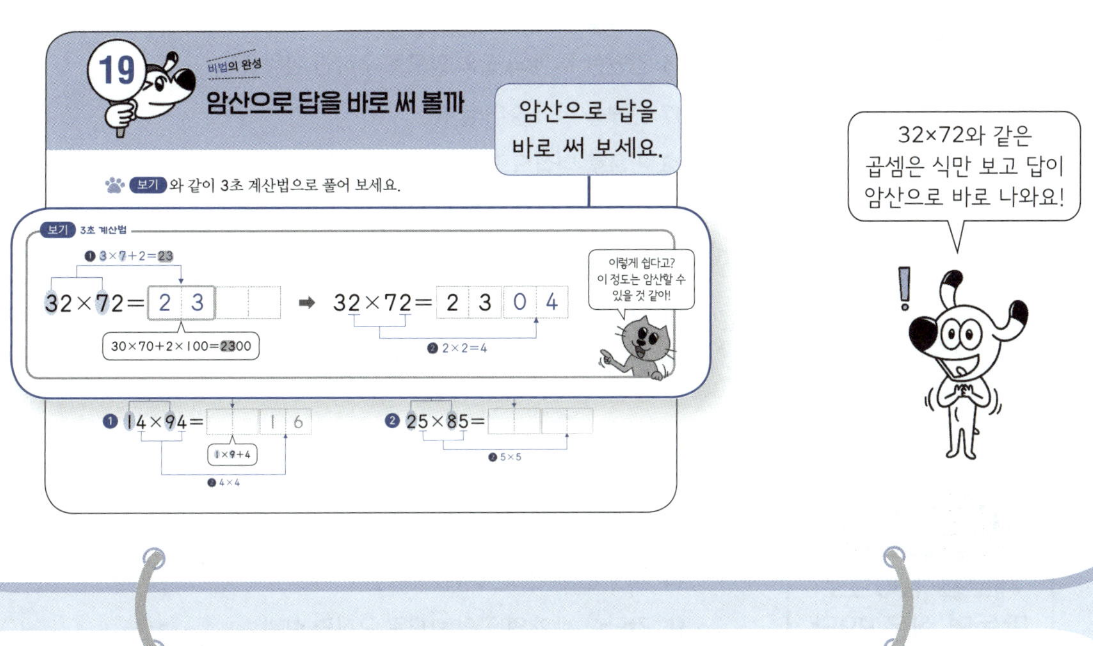

4단계 모든 99단 곱셈을 빠르게 푸는 비법까지 완성해요!

최종 단계인 모든 99단 곱셈 답이 5초 만에 나오는 '5초 계산법'으로 마무리해 보세요. 이 단계까지 완성하면 99단 곱셈을 누구보다도 빨리 풀 수 있을 거예요!

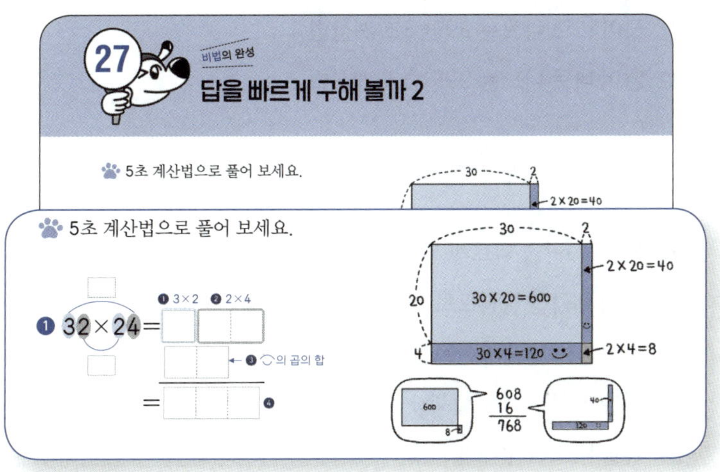

차 례

바쁜 초등학생을 위한 빠른 99단

권장 진도표

♡	10일 완성	6일 완성
☐ 1일차	01~04과	01~06과
☐ 2일차	05~08과	07~12과
☐ 3일차	09~12과	13~16과
☐ 4일차	13~16과	17~22과
☐ 5일차	17~22과	23~31과
☐ 6일차	23~25과	32~39과
☐ 7일차	26~29과	
☐ 8일차	30~33과	
☐ 9일차	34~37과	
☐ 10일차	38~39과	

*가볍게 공부할 때는 하루에 1~2과씩 풀어 보세요!

가로를 몇십으로 만들면 쉬운 99단

- 십의 자리 수가 같고, 일의 자리 수의 합이 10인 경우

🐾 곱셈식을 직사각형의 넓이로 알아보세요.

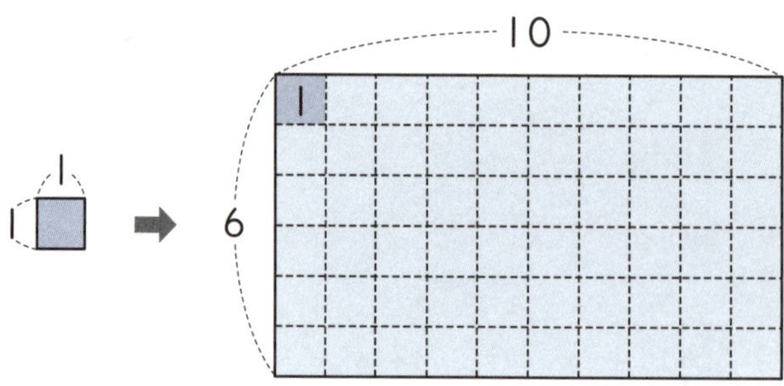

⭐ 직사각형에 [1] 가 가로에 10개, 세로에 6개가 있으므로 모두 60 개입니다.

➡ 직사각형의 넓이: $10 \times 6 =$ ☐

$$(직사각형의\ 넓이) = (가로) \times (세로)$$

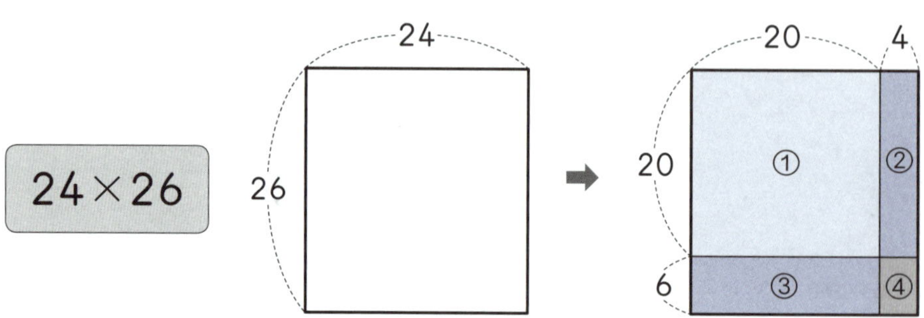

⭐ 24×26은 $\underset{①}{20 \times 20} + \underset{②}{4 \times 20} + \underset{③}{20 \times 6} + \underset{④}{4 \times ☐}$ 을 계산한 값과 같습니다.

➡ $24 \times 26 = 400 +$ ☐ $+ 120 +$ ☐ $=$ ☐

✛전략노트✛ 직사각형의 넓이는 곱셈 으로 구한다. 곱셈에 넓이를 이용하자!

🐾 그림을 보고 ☐ 안에 알맞은 수를 써넣으세요.

① 35×35

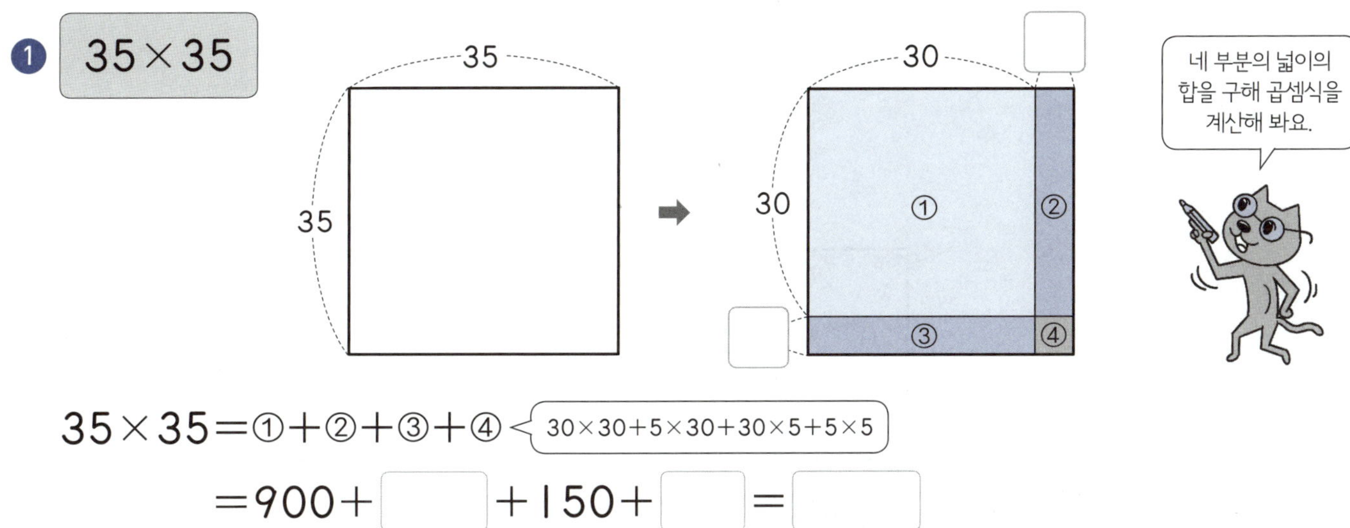

$$35×35=①+②+③+④ \quad (30×30+5×30+30×5+5×5)$$
$$=900+\boxed{}+150+\boxed{}=\boxed{}$$

② 47×43

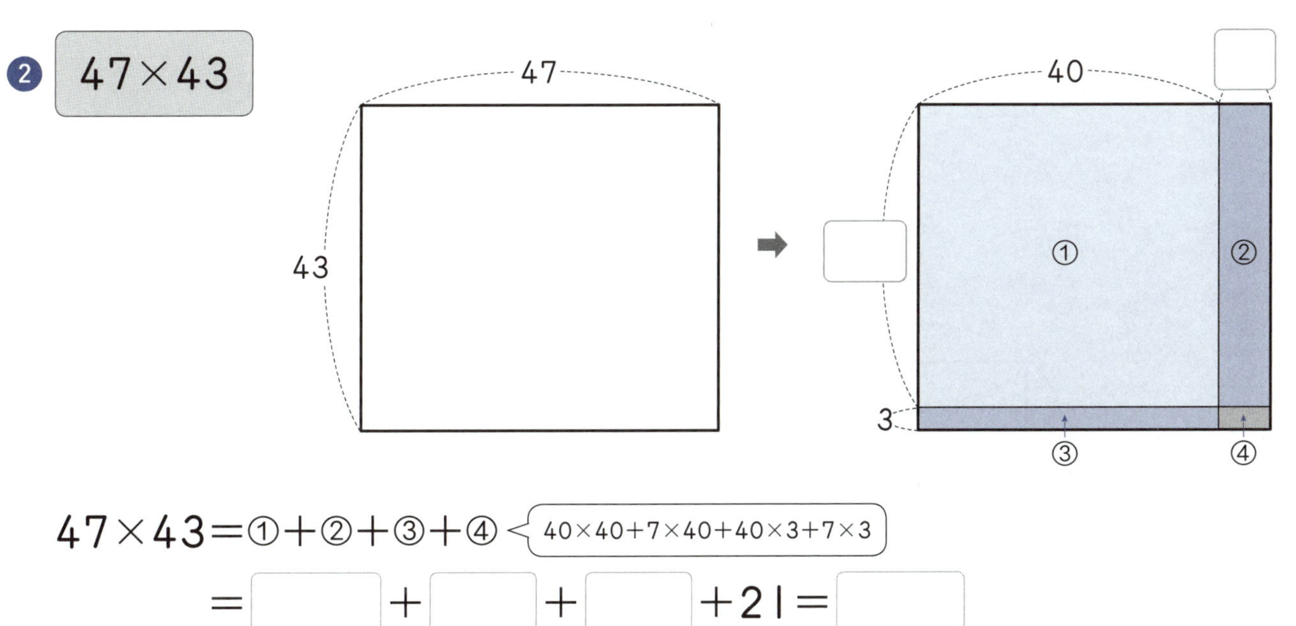

$$47×43=①+②+③+④ \quad (40×40+7×40+40×3+7×3)$$
$$=\boxed{}+\boxed{}+\boxed{}+21=\boxed{}$$

02 세로가 몇십인 직사각형부터 만들자

🐾 27×23을 나타내는 그림이 있습니다. 세로가 몇십이고 가로가 늘어난 직사각형
을 만들어 보세요.

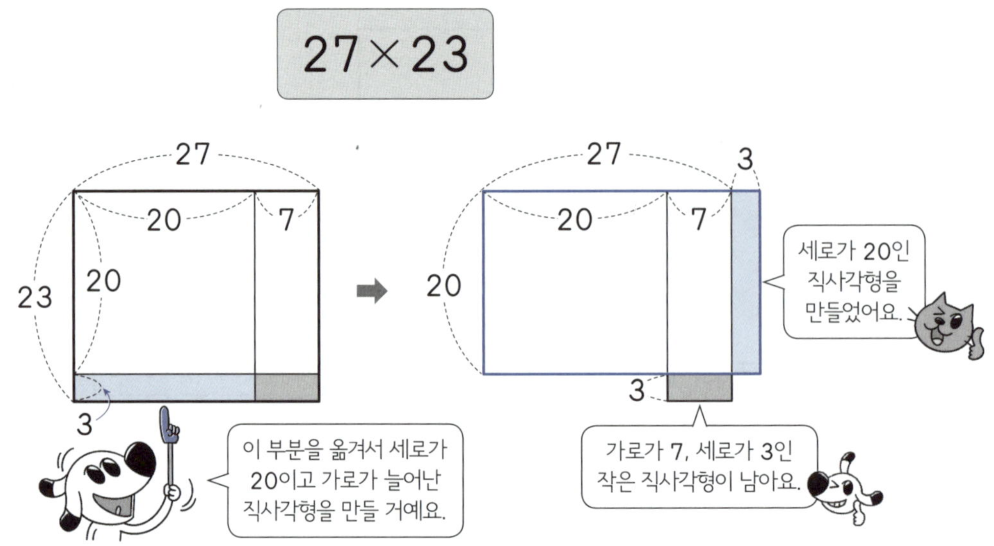

⭐ 27×23의 그림에서 20×3 의 부분을 이동하여 세로가 20인 직사각형 ☐ 을
만들었습니다.

⭐ 직사각형 ☐ 의 가로는 27에서 3 만큼 늘어난 ☐ 이 됩니다.

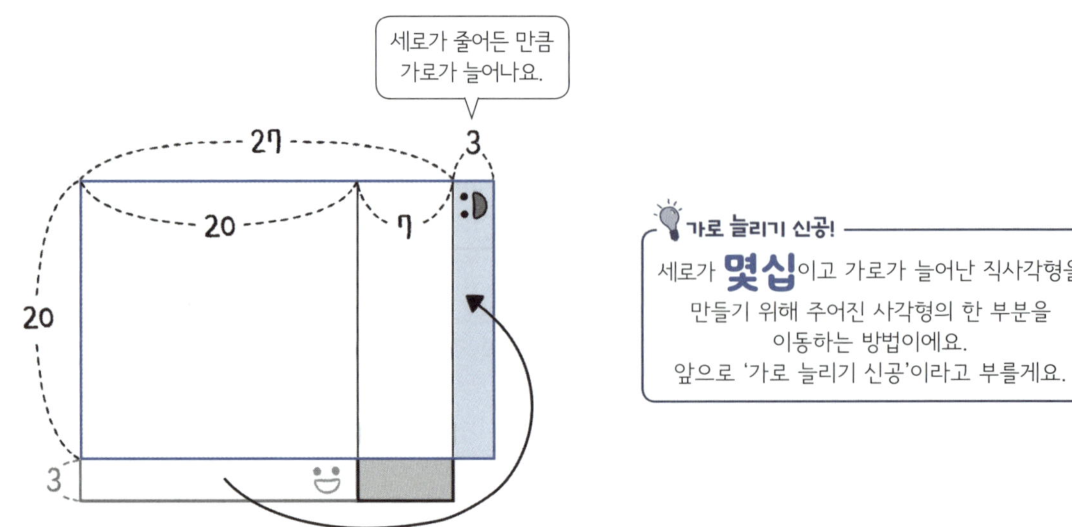

💡 가로 늘리기 신공!

세로가 **몇십** 이고 가로가 늘어난 직사각형을
만들기 위해 주어진 사각형의 한 부분을
이동하는 방법이에요.
앞으로 '가로 늘리기 신공'이라고 부를게요.

🐾 세로가 몇십이고 가로가 늘어난 직사각형을 만들었습니다. ☐ 안에 알맞은 수를 써넣으세요.

1 26×24

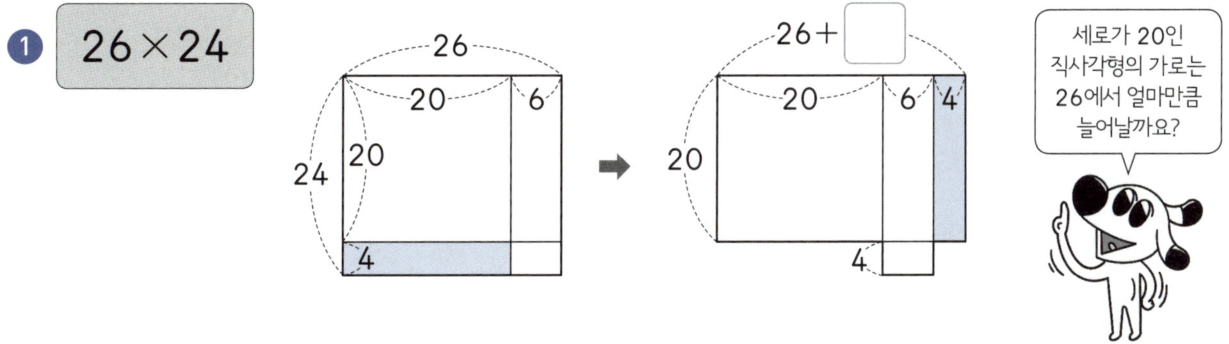

2 35×35

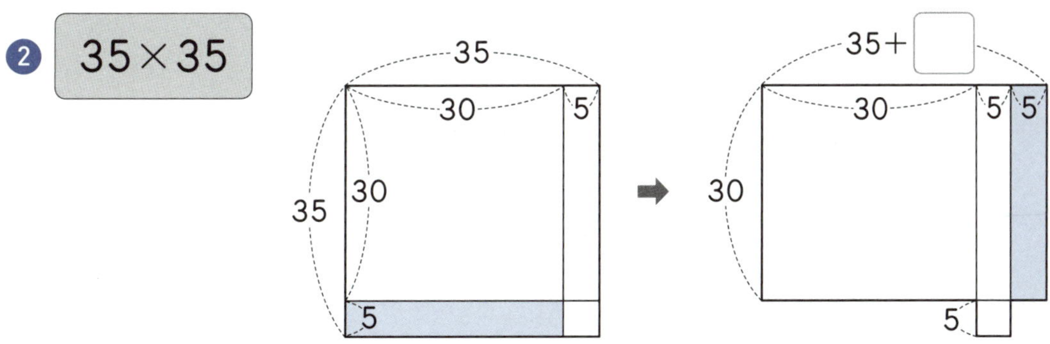

3 42×48

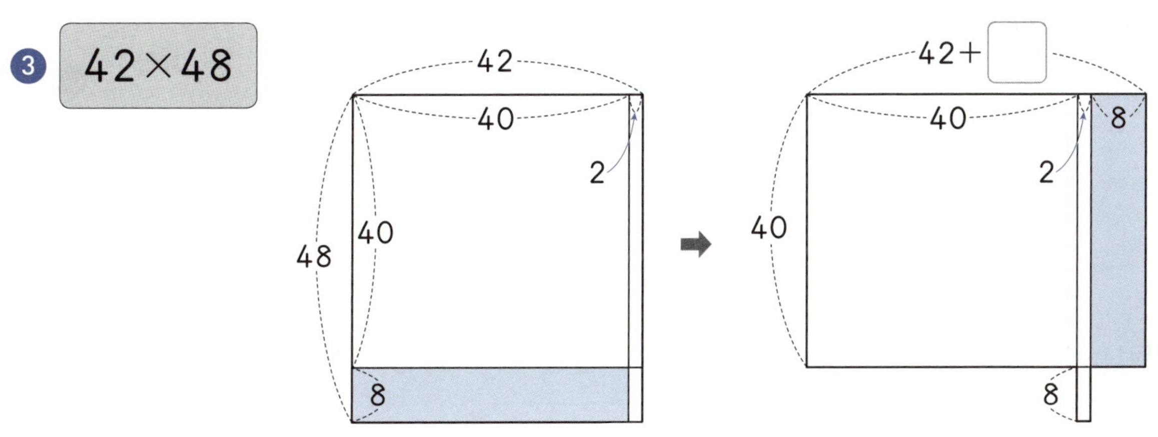

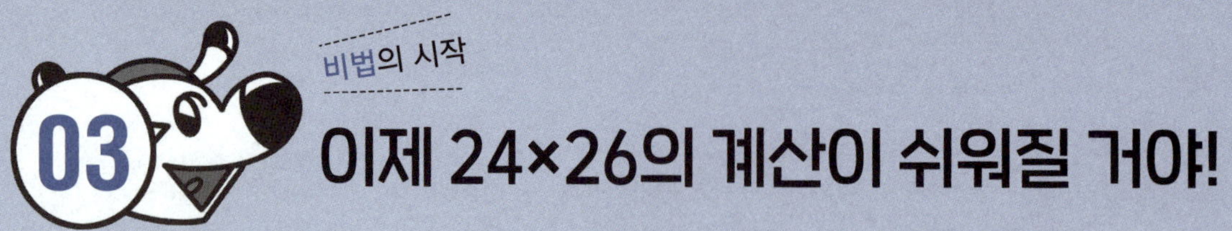

이제 24×26의 계산이 쉬워질 거야!

🐾 '십의 자리 수가 같고, 일의 자리 수의 합이 10인 경우'의 99단 곱셈의 쉬운 계산을 알아보세요.

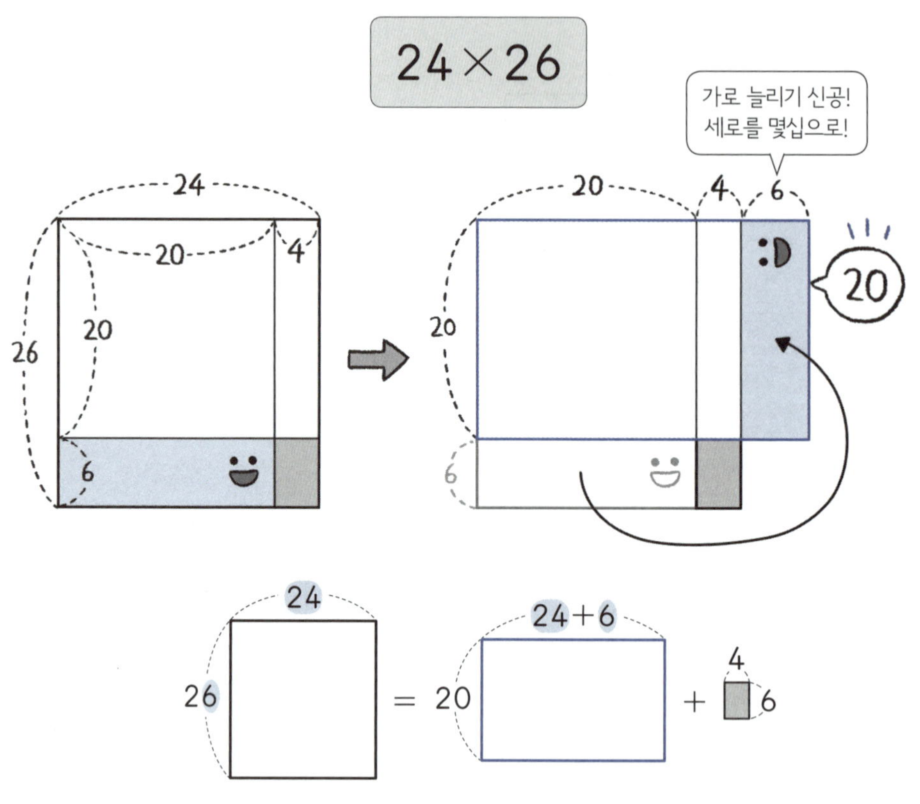

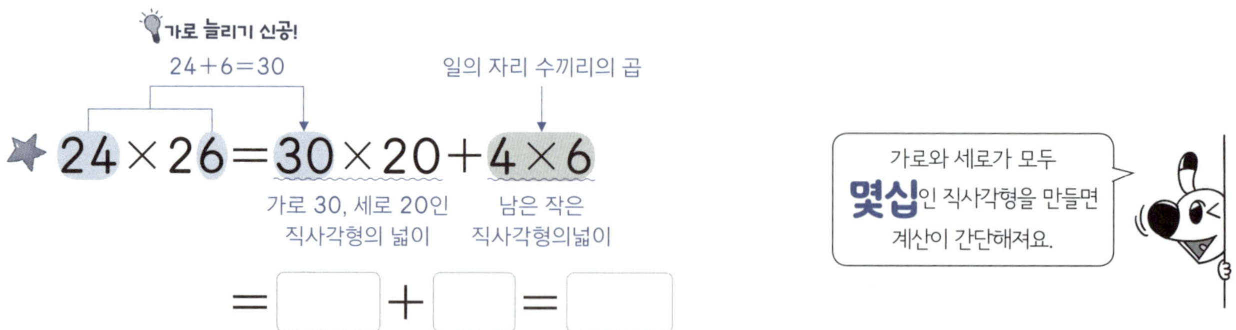

🐾 99단 곱셈법의 원리를 이용하여 계산해 보세요.

1 23×27

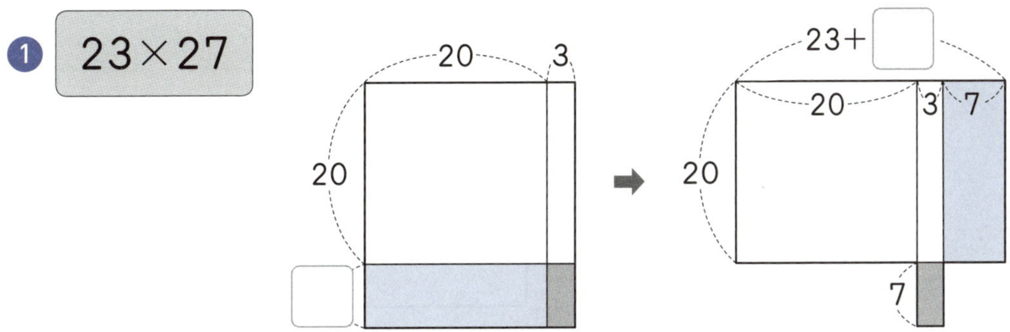

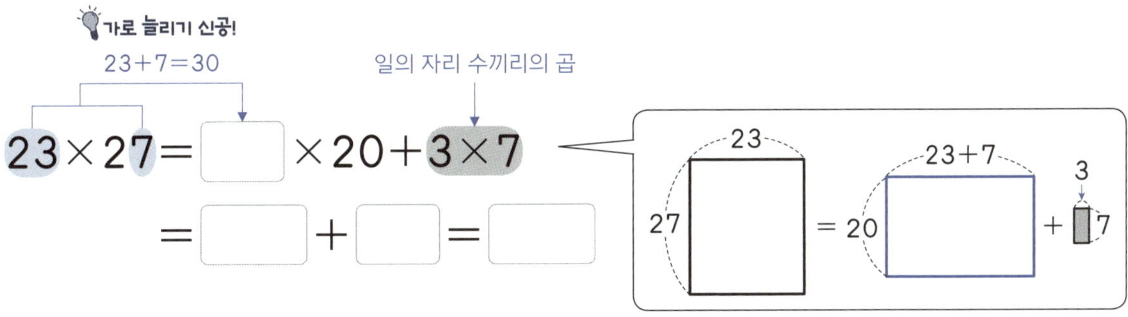

2 39×31

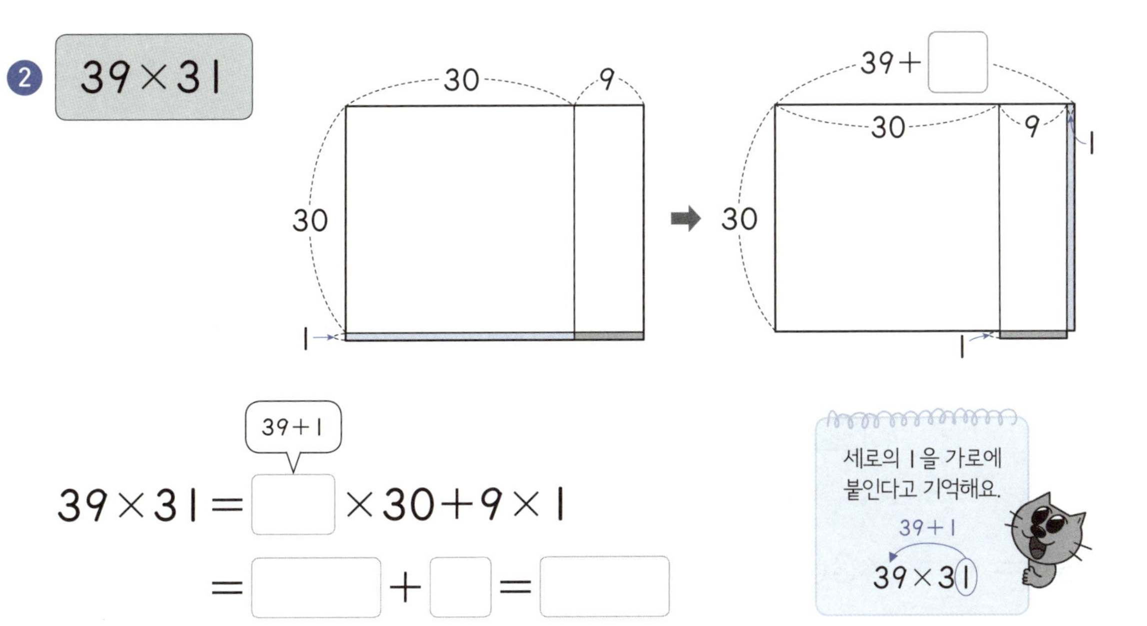

04 그릴 줄 알면 잊어버리지 않을 거야

🐾 색칠된 직사각형을 이동해 그려서 99단 곱셈법의 원리 그림을 완성하고 계산해 보세요.

① 22×28

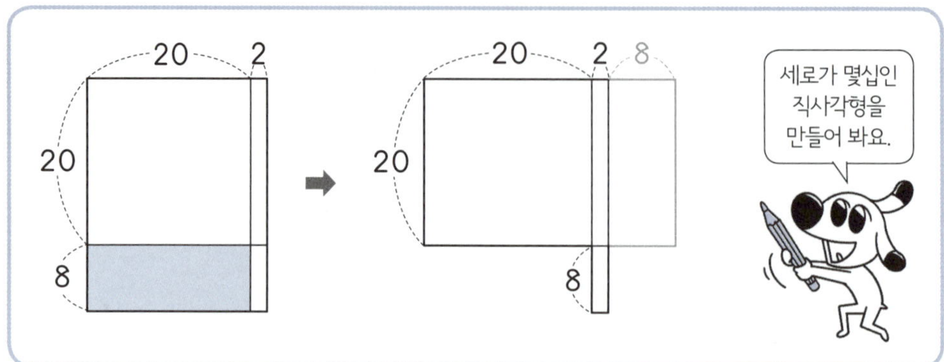

$$22 \times 28 = \boxed{} \times 20 + 2 \times \boxed{}$$

$$= \boxed{} + \boxed{} = \boxed{}$$

② 36×34

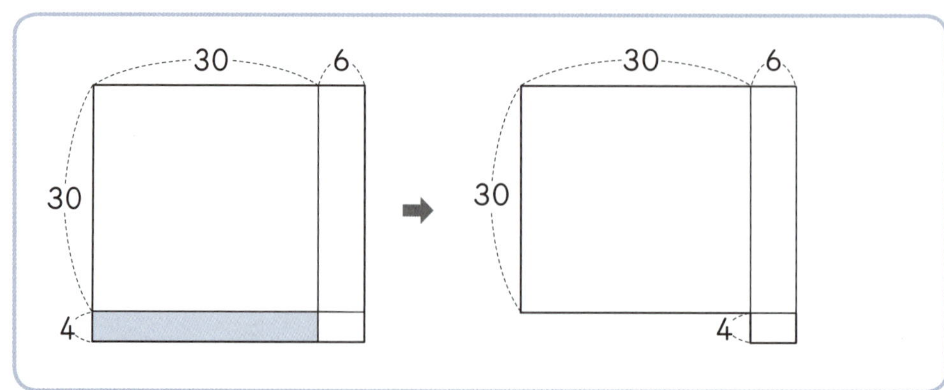

$$36 \times 34 = \boxed{} \times 30 + \boxed{} \times 4$$

$$= \boxed{} + \boxed{} = \boxed{}$$

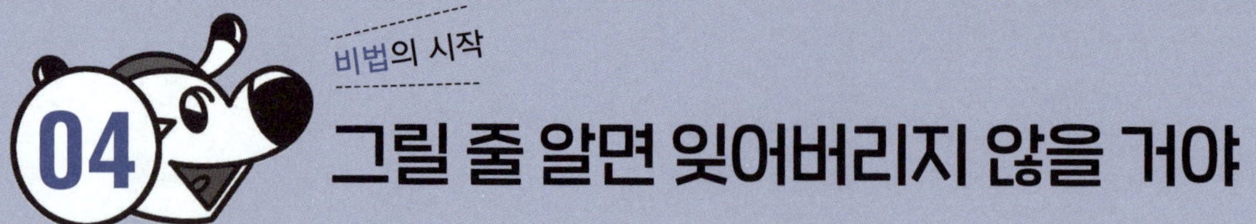

'세로가 몇십이고 가로가 늘어난 직사각형'이 되도록
색칠된 직사각형을 직접 옮겨 그려 봐요.

🐾 색칠된 직사각형을 이동해 그려서 **99단 곱셈법**의 원리 그림을 완성하고 계산해
보세요.

1 25×25

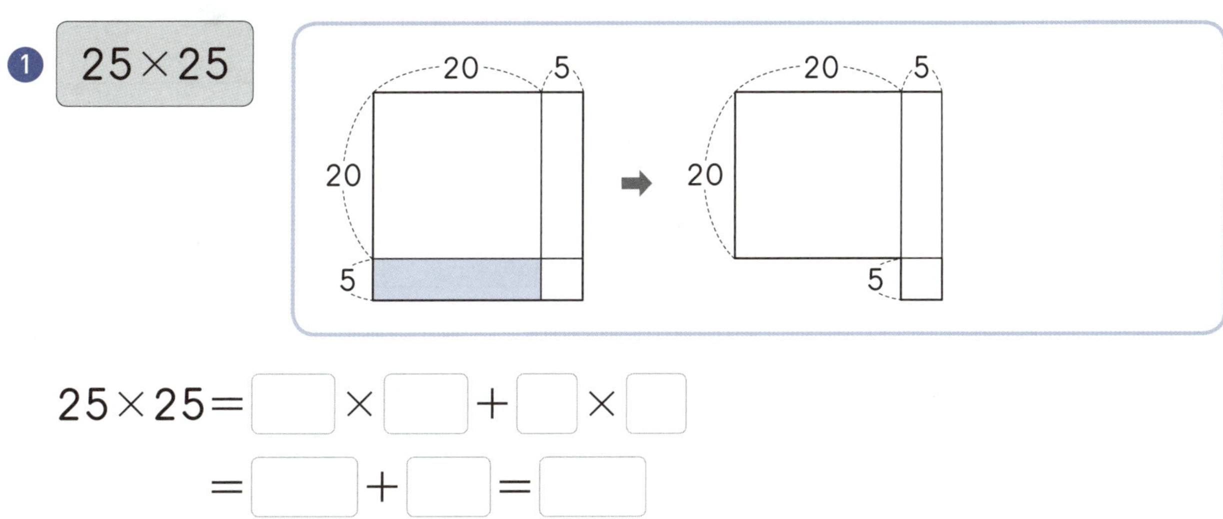

$$25 \times 25 = \boxed{} \times \boxed{} + \boxed{} \times \boxed{}$$

$$= \boxed{} + \boxed{} = \boxed{}$$

2 46×44

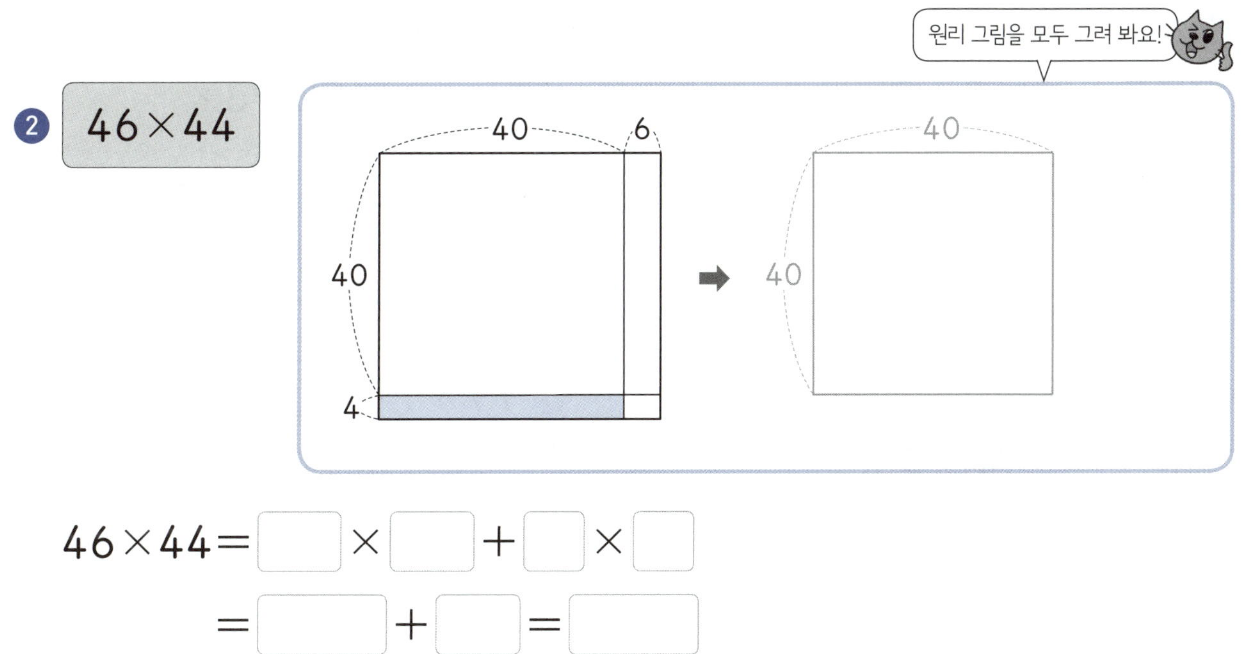

$$46 \times 44 = \boxed{} \times \boxed{} + \boxed{} \times \boxed{}$$

$$= \boxed{} + \boxed{} = \boxed{}$$

05 간단한 두 개의 곱의 합으로 구하면 쉬워 1

🐾 간단한 두 개의 곱의 합으로 계산해 보세요.

① 23×27

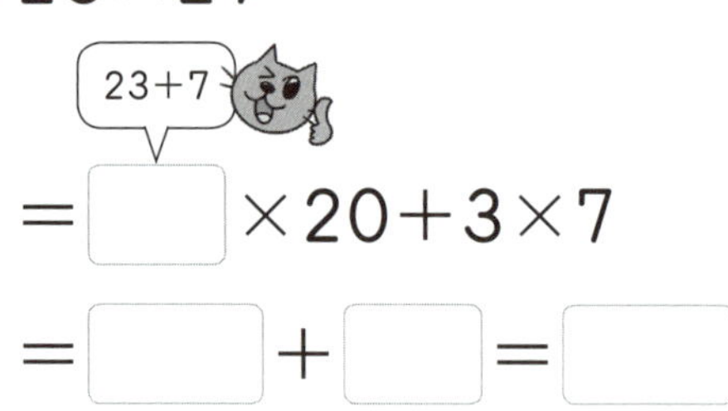

$= \boxed{} \times 20 + 3 \times 7$

$= \boxed{} + \boxed{} = \boxed{}$

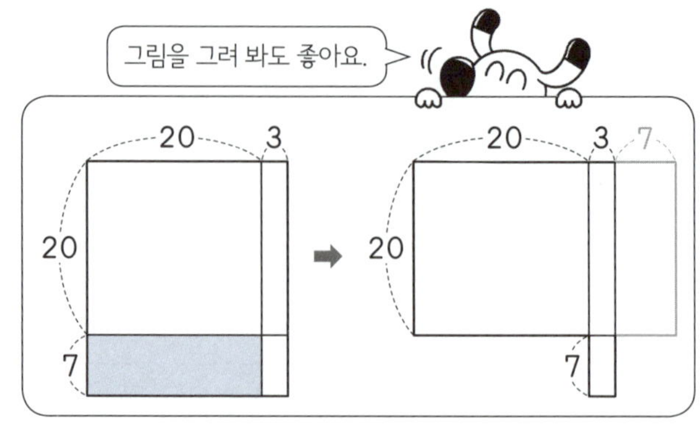

② 31×39

$= \boxed{} \times 30 + 1 \times \boxed{}$

$= \boxed{} + \boxed{} = \boxed{}$

③ 46×44

$= \boxed{} \times 40 + 6 \times \boxed{}$

$= \boxed{} + \boxed{} = \boxed{}$

④ 65×65

$= \boxed{} \times 60 + 5 \times \boxed{}$

$= \boxed{} + \boxed{} = \boxed{}$

⑤ 83×87

$= \boxed{} \times 80 + 3 \times \boxed{}$

$= \boxed{} + \boxed{} = \boxed{}$

⑥ 52×58

$= \boxed{} \times 50 + 2 \times \boxed{}$

$= \boxed{} + \boxed{} = \boxed{}$

⑦ 79×71

$= \boxed{} \times 70 + 9 \times \boxed{}$

$= \boxed{} + \boxed{} = \boxed{}$

99단 곱셈을 '간단한 두 개의 곱의 합'으로 나타내는 과정이 익숙해지도록 연습해 봐요.

🐾 간단한 두 개의 곱의 합으로 계산해 보세요.

① 22×28

$= \boxed{} \times 20 + 2 \times \boxed{}$

$= \boxed{} + \boxed{} = \boxed{}$

② 34×36

$= \boxed{} \times 30 + 4 \times \boxed{}$

$= \boxed{} + \boxed{} = \boxed{}$

③ 57×53

$= \boxed{} \times 50 + 7 \times \boxed{}$

$= \boxed{} + \boxed{} = \boxed{}$

④ 49×41

$= \boxed{} \times 40 + 9 \times \boxed{}$

$= \boxed{} + \boxed{} = \boxed{}$

⑤ 86×84

$= \boxed{} \times 80 + 6 \times \boxed{}$

$= \boxed{} + \boxed{} = \boxed{}$

⑥ 75×75

$= \boxed{} \times 70 + 5 \times \boxed{}$

$= \boxed{} + \boxed{} = \boxed{}$

⑦ 61×69

$= \boxed{} \times 60 + 1 \times \boxed{}$

$= \boxed{} + \boxed{} = \boxed{}$

⑧ 98×92

$= \boxed{} \times 90 + 8 \times \boxed{}$

$= \boxed{} + \boxed{} = \boxed{}$

간단한 두 개의 곱의 합으로 구하면 쉬워 2

🐾 간단한 두 개의 곱의 합으로 계산해 보세요.

① 25×25

$$= \boxed{} \times \boxed{20} + \boxed{5} \times \boxed{}$$

$$= \boxed{} + \boxed{} = \boxed{}$$

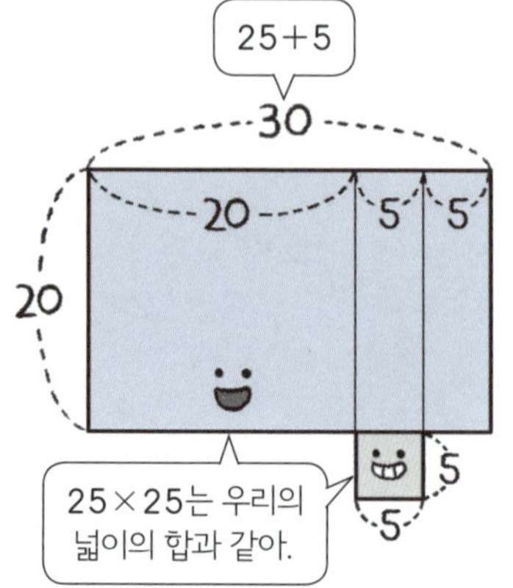

② 42×48

$$= \boxed{} \times \boxed{40} + \boxed{} \times \boxed{}$$

$$= \boxed{} + \boxed{} = \boxed{}$$

③ 59×51

$$= \boxed{} \times \boxed{} + \boxed{} \times \boxed{}$$

$$= \boxed{} + \boxed{} = \boxed{}$$

④ 64×66

$$= \boxed{} \times \boxed{} + \boxed{} \times \boxed{}$$

$$= \boxed{} + \boxed{} = \boxed{}$$

⑤ 83×87

$$= \boxed{} \times \boxed{} + \boxed{} \times \boxed{}$$

$$= \boxed{} + \boxed{} = \boxed{}$$

⑥ 78×72

$$= \boxed{} \times \boxed{} + \boxed{} \times \boxed{}$$

$$= \boxed{} + \boxed{} = \boxed{}$$

⑦ 91×99

$$= \boxed{} \times \boxed{} + \boxed{} \times \boxed{}$$

$$= \boxed{} + \boxed{} = \boxed{}$$

🐾 간단한 두 개의 곱의 합으로 계산해 보세요.

❶ 24×26

$= \boxed{} \times \boxed{} + \boxed{} \times \boxed{}$

$= \boxed{} + \boxed{} = \boxed{}$

❷ 35×35

$= \boxed{} \times \boxed{} + \boxed{} \times \boxed{}$

$= \boxed{} + \boxed{} = \boxed{}$

❸ 43×47

$= \boxed{} \times \boxed{} + \boxed{} \times \boxed{}$

$= \boxed{} + \boxed{} = \boxed{}$

❹ 58×52

$= \boxed{} \times \boxed{} + \boxed{} \times \boxed{}$

$= \boxed{} + \boxed{} = \boxed{}$

❺ 61×69

$= \boxed{} \times \boxed{} + \boxed{} \times \boxed{}$

$= \boxed{} + \boxed{} = \boxed{}$

❻ 79×71

$= \boxed{} \times \boxed{} + \boxed{} \times \boxed{}$

$= \boxed{} + \boxed{} = \boxed{}$

❼ 97×93

$= \boxed{} \times \boxed{} + \boxed{} \times \boxed{}$

$= \boxed{} + \boxed{} = \boxed{}$

❽ 82×88

$= \boxed{} \times \boxed{} + \boxed{} \times \boxed{}$

$= \boxed{} + \boxed{} = \boxed{}$

🐾 단계를 하나 줄여서 계산해 보세요.

① 32×38

= ☐1200☐ + ☐ = ☐

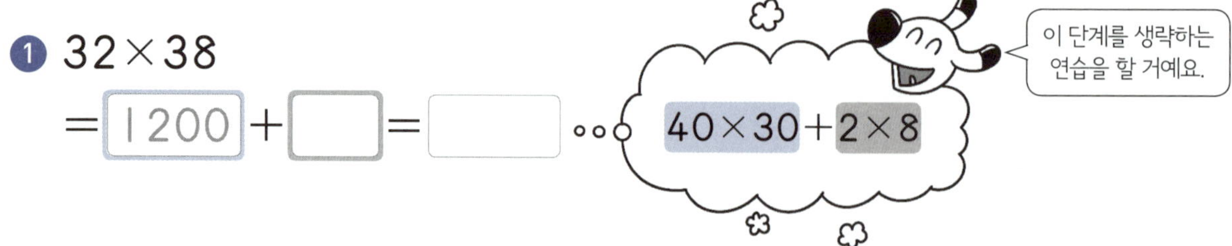

② 47×43

= ☐ + ☐ = ☐

③ 61×69

= ☐ + ☐ = ☐

④ 55×55

= ☐ + ☐ = ☐

⑤ 78×72

= ☐ + ☐ = ☐

⑥ 94×96

= ☐ + ☐ = ☐

⑦ 89×81

= ☐ + ☐ = ☐

🐾 단계를 하나 줄여서 계산해 보세요.

1 29×21

$$= \boxed{} + \boxed{} = \boxed{}$$

2 36×34

$$= \boxed{} + \boxed{} = \boxed{}$$

3 52×58

$$= \boxed{} + \boxed{} = \boxed{}$$

4 67×63

$$= \boxed{} + \boxed{} = \boxed{}$$

5 84×86

$$= \boxed{} + \boxed{} = \boxed{}$$

6 75×75

$$= \boxed{} + \boxed{} = \boxed{}$$

7 98×92

$$= \boxed{} + \boxed{} = \boxed{}$$

08 가로를 몇십으로 만들면 쉬운 99단

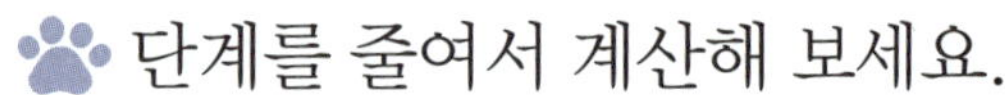 단계를 줄여서 계산해 보세요.

① $26 \times 24 = 600 + 24 =$

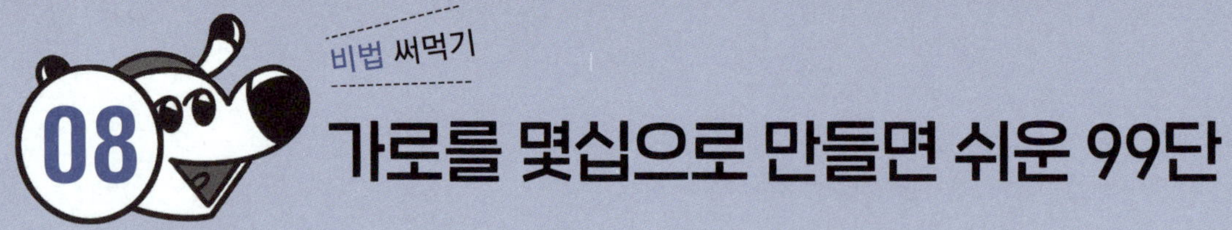

② $39 \times 31 =$

③ $42 \times 48 =$

④ $61 \times 69 =$

⑤ $57 \times 53 =$

⑥ $73 \times 77 =$

⑦ $65 \times 65 =$

⑧ $82 \times 88 =$

⑨ $99 \times 91 =$

😺 계산을 바르게 한 친구를 찾아 ◯표 하세요.

①

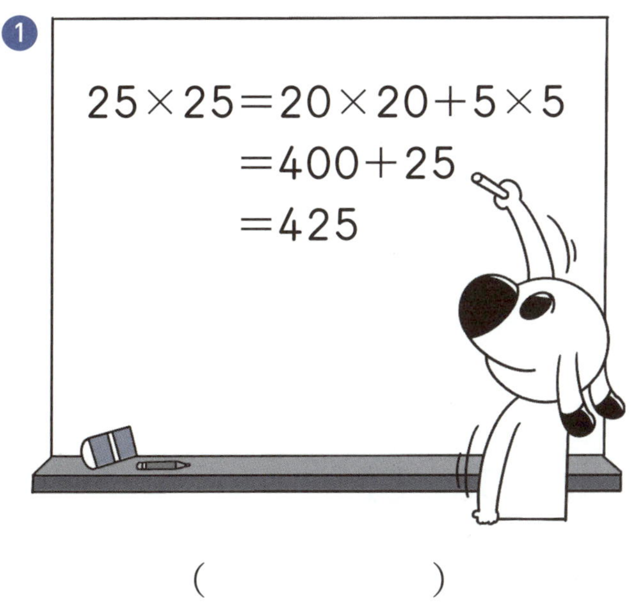

(　　　　　　)

(　　　　　　)

②

(　　　　　　)

(　　　　　　)

암산으로 답을 바로 써 볼까

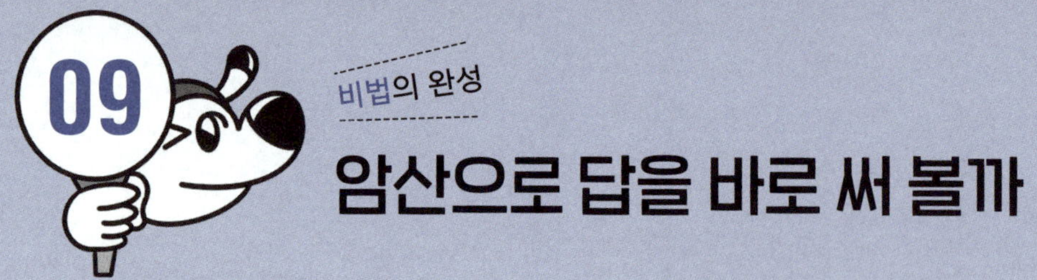

🐾 보기 와 같이 3초 계산법으로 풀어 보세요.

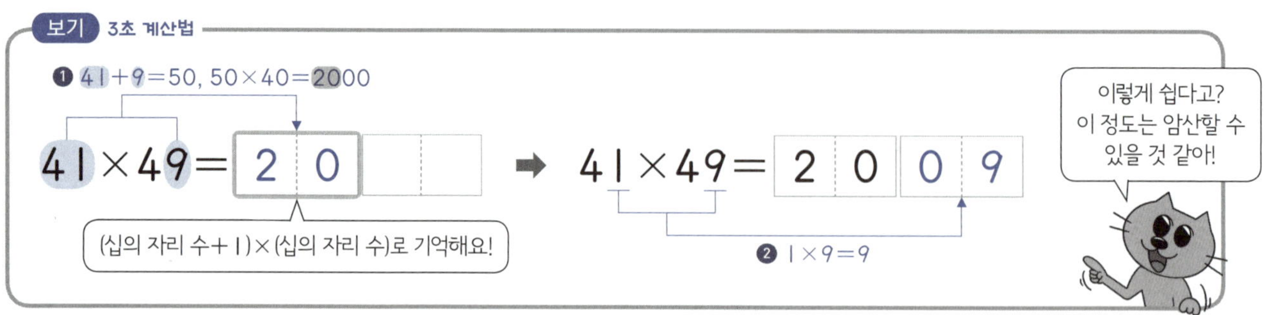

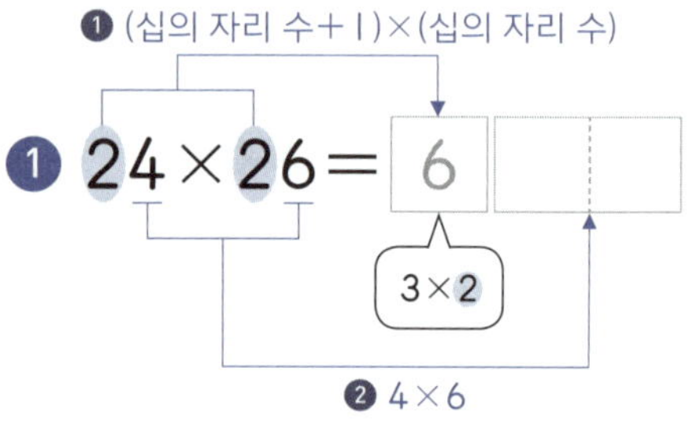

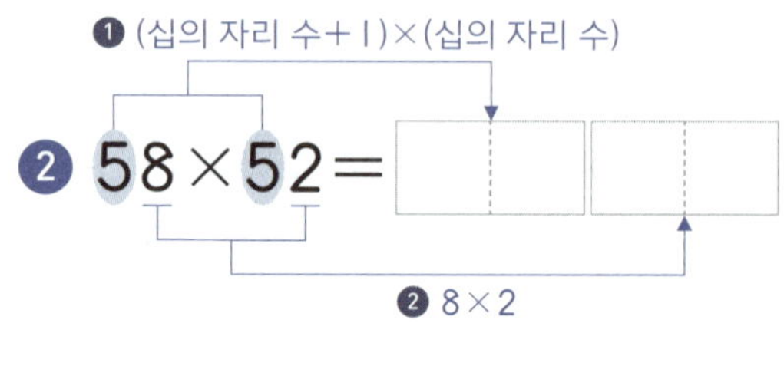

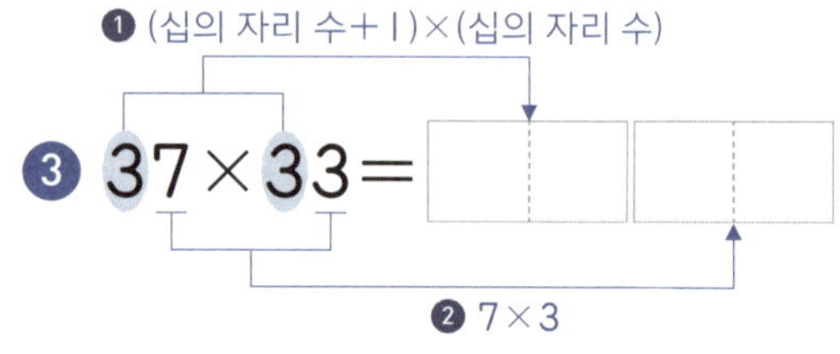

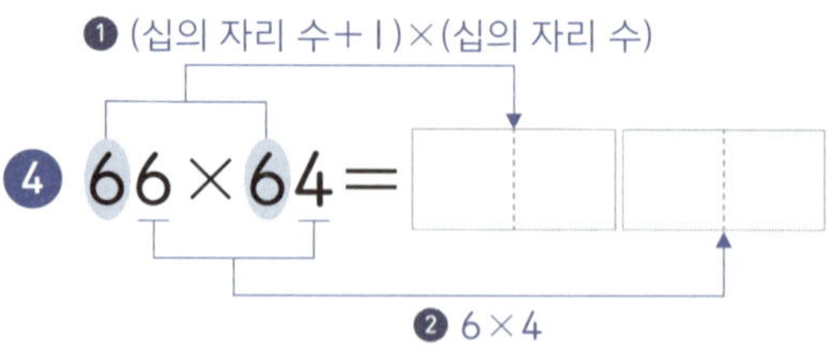

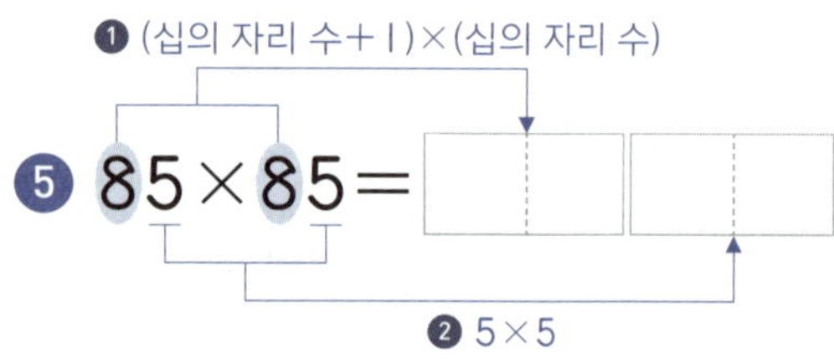

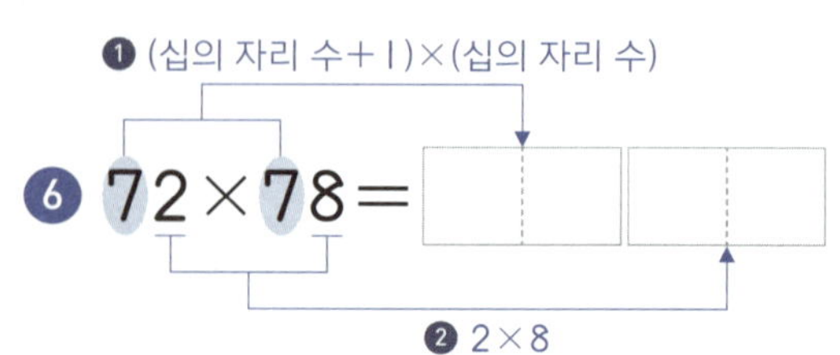

🐾 3초 계산법으로 풀어 보세요.

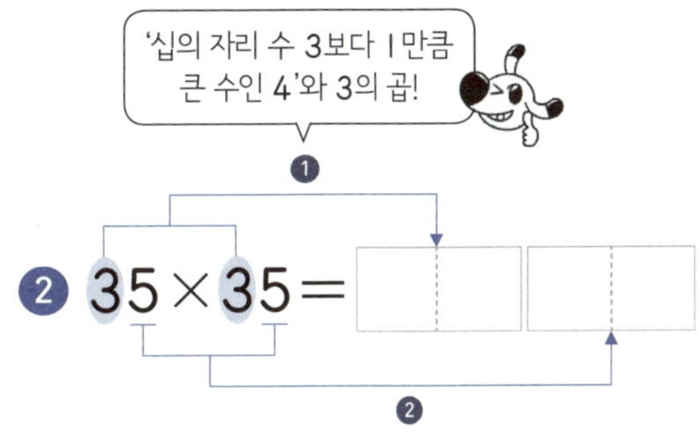

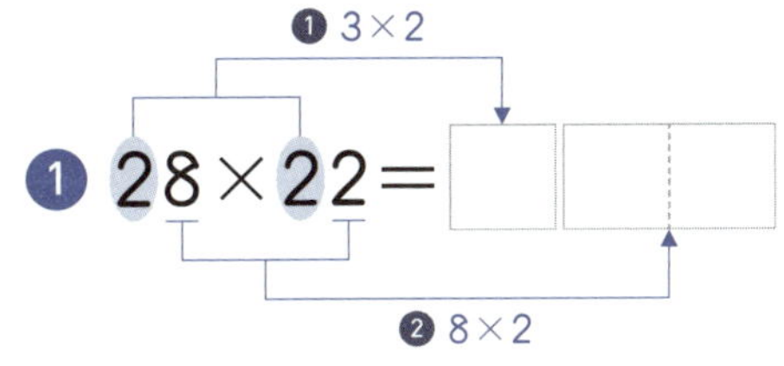

② 35×35=

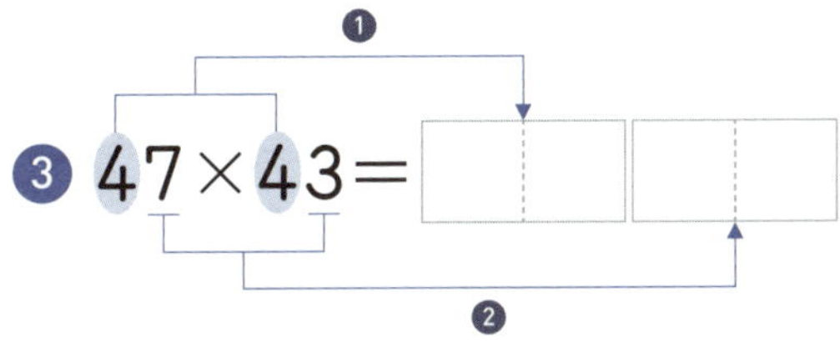

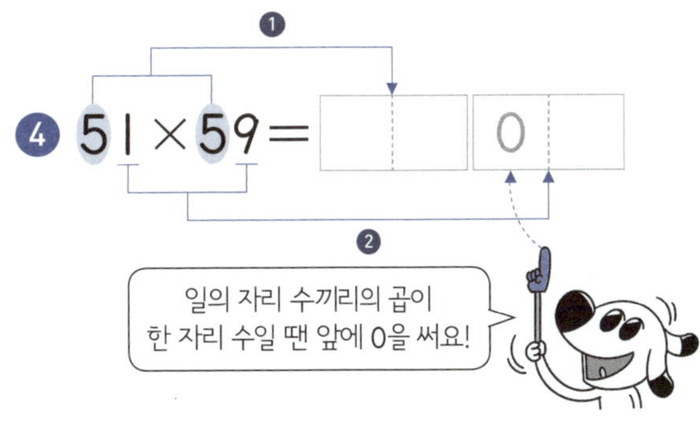

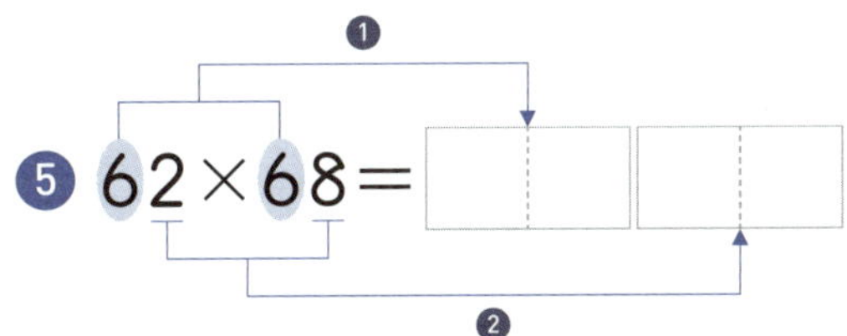

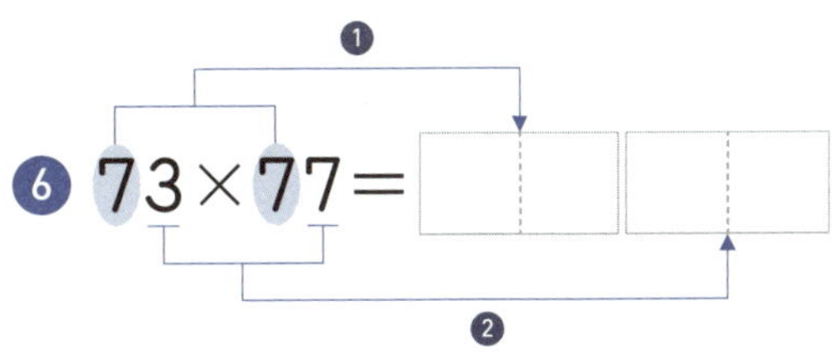

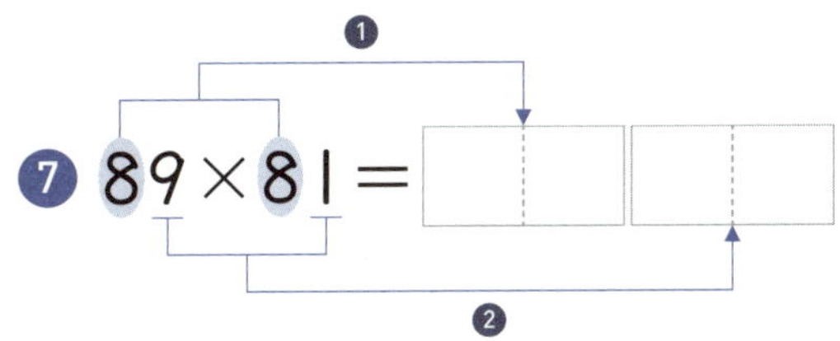

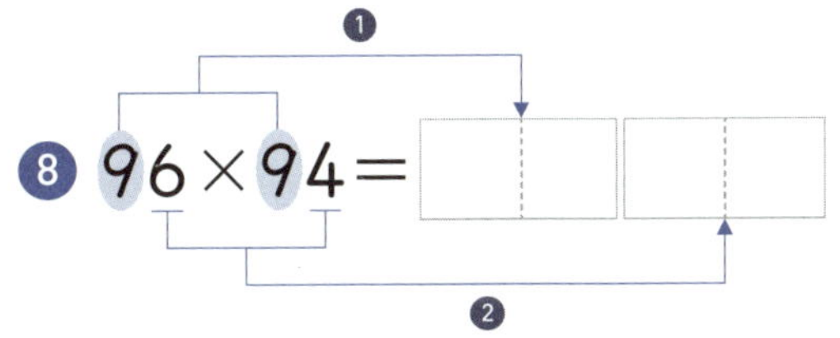

세로셈도 암산으로 답을 바로 써 볼까

보기 와 같이 3초 계산법으로 풀어 보세요.

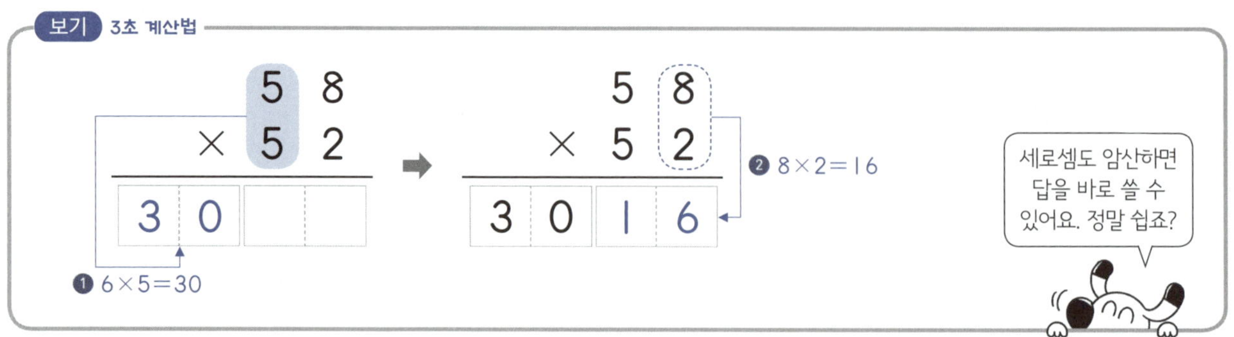

❶

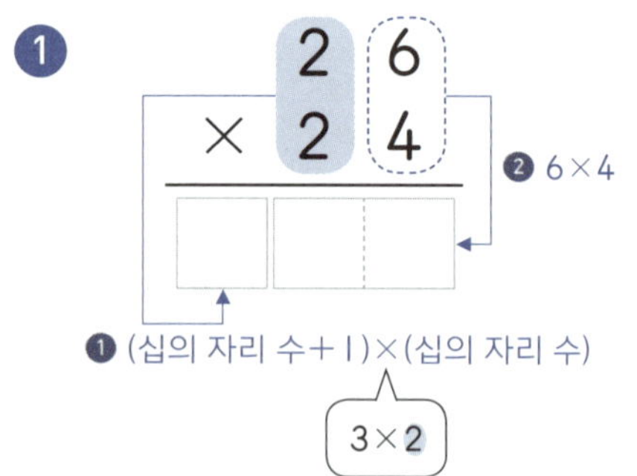

❷

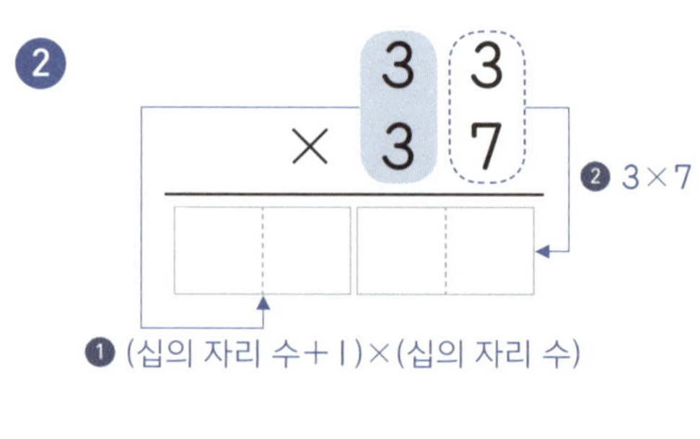

❸

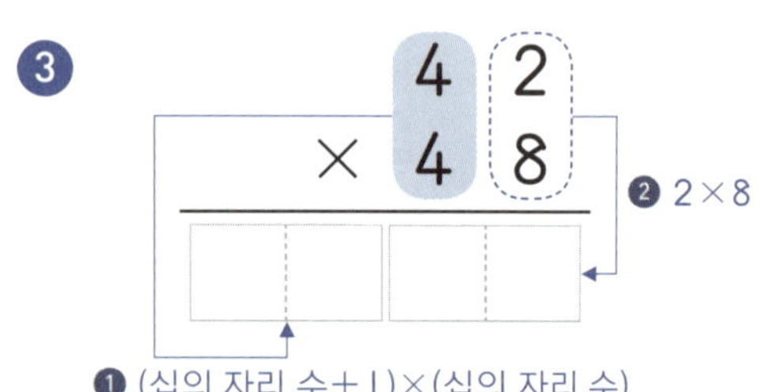

❹

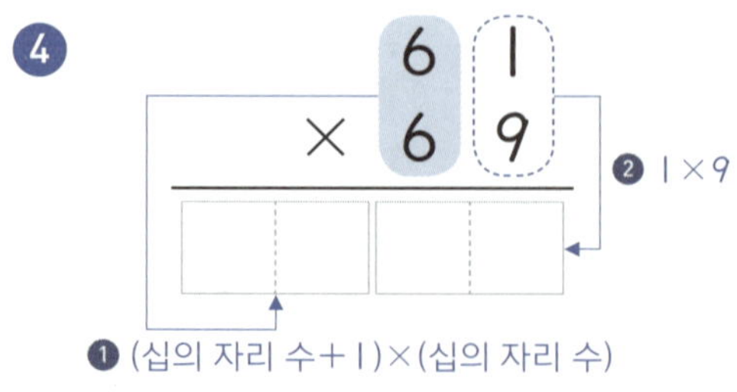

❺

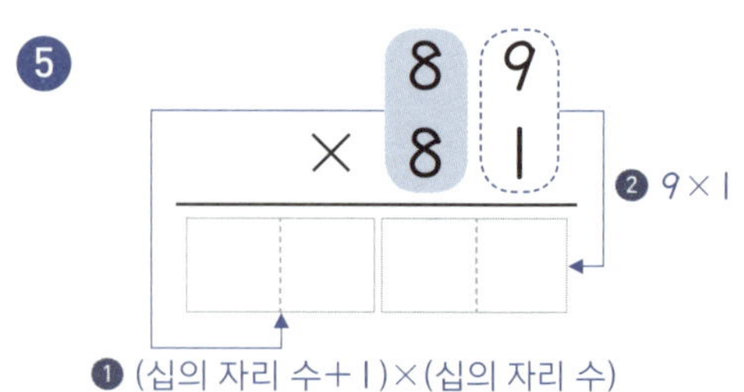

❻

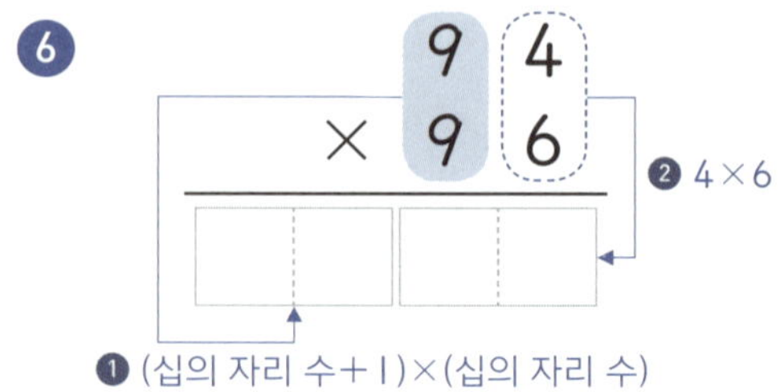

🐾 3초 계산법으로 풀어 보세요.

1

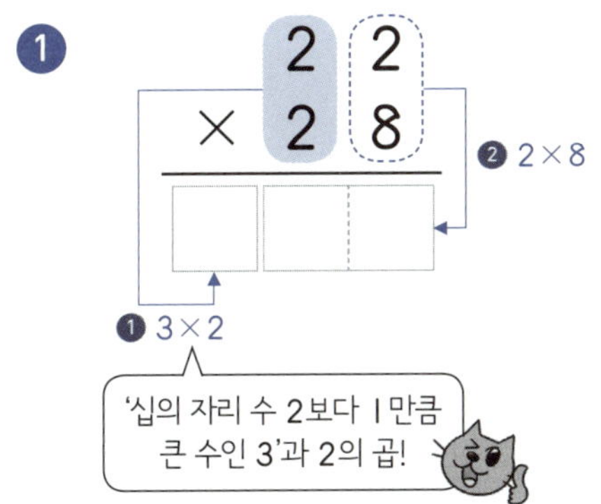

2

3

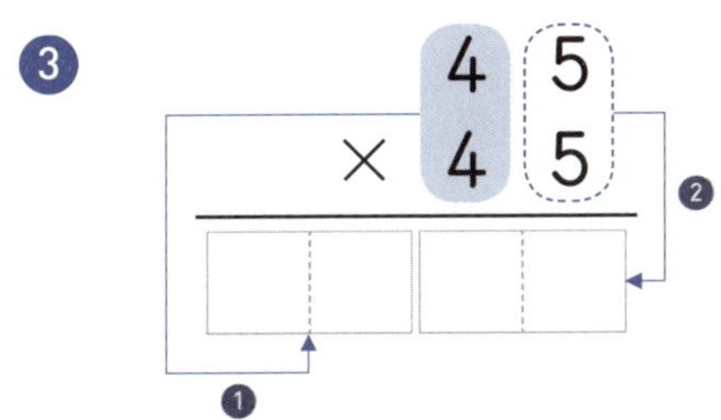

4

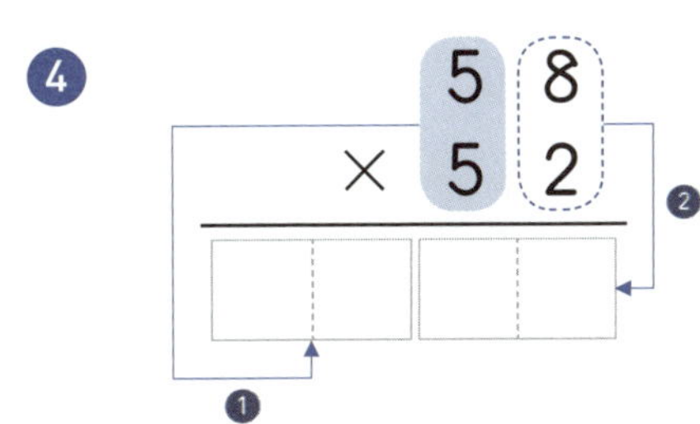

5

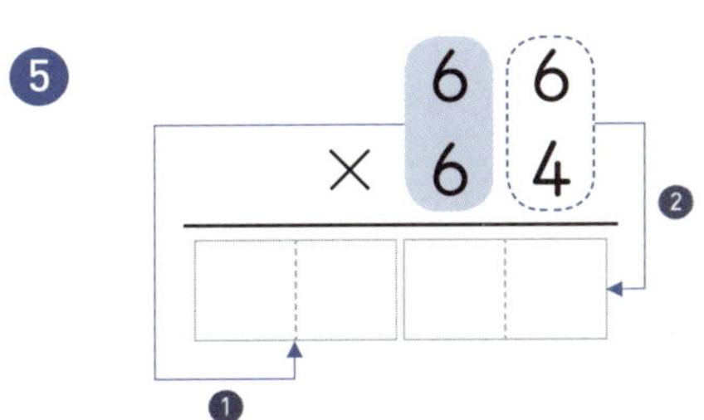

6

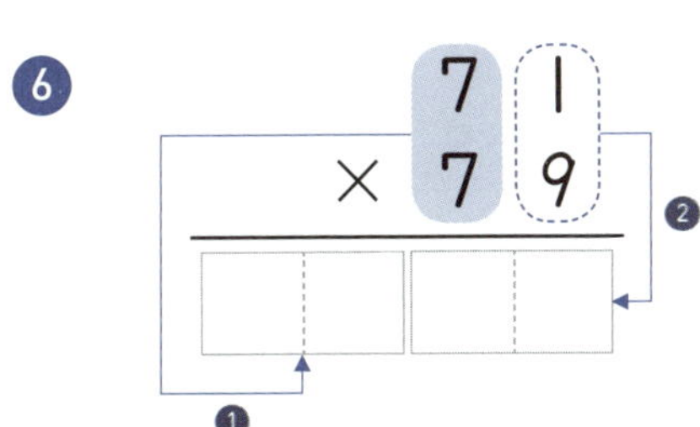

7

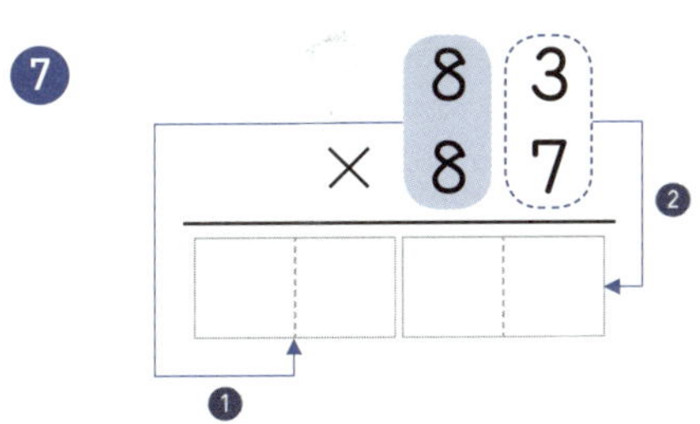

8

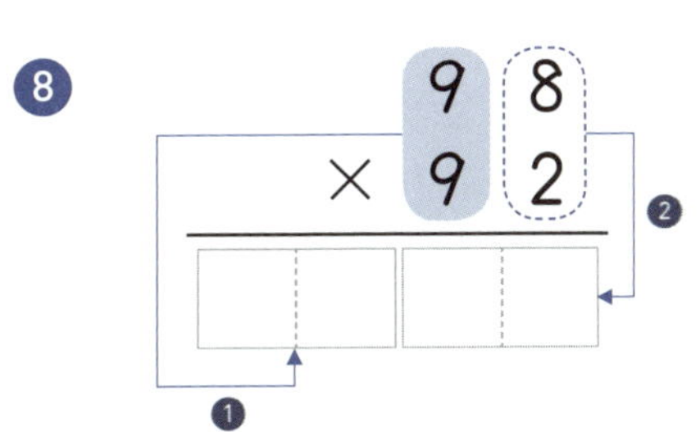

답이 바로 나오는 99단 3초 계산법 1

🐾 3초 계산법으로 풀어 보세요.

❶ $23 \times 27 =$ ⬜⬜

❷ $36 \times 34 =$ ⬜⬜

❸ $55 \times 55 =$ ⬜⬜

❹ $48 \times 42 =$ ⬜⬜

❺ $69 \times 61 =$ ⬜⬜

❻ $74 \times 76 =$ ⬜⬜

❼ $81 \times 89 =$ ⬜⬜

❽ $65 \times 65 =$ ⬜⬜

❾ $77 \times 73 =$ ⬜⬜

❿ $92 \times 98 =$ ⬜⬜

🐾 3초 계산법으로 풀어 보세요.

1
$$\begin{array}{r} 2\ 4 \\ \times\ 2\ 6 \\ \hline \end{array}$$

2
$$\begin{array}{r} 4\ 1 \\ \times\ 4\ 9 \\ \hline \end{array}$$

3
$$\begin{array}{r} 3\ 5 \\ \times\ 3\ 5 \\ \hline \end{array}$$

4
$$\begin{array}{r} 5\ 3 \\ \times\ 5\ 7 \\ \hline \end{array}$$

5
$$\begin{array}{r} 6\ 6 \\ \times\ 6\ 4 \\ \hline \end{array}$$

6
$$\begin{array}{r} 7\ 9 \\ \times\ 7\ 1 \\ \hline \end{array}$$

7
$$\begin{array}{r} 9\ 7 \\ \times\ 9\ 3 \\ \hline \end{array}$$

8
$$\begin{array}{r} 8\ 8 \\ \times\ 8\ 2 \\ \hline \end{array}$$

답이 바로 나오는 99단 3초 계산법 2

🐾 3초 계산법으로 풀어 보세요.

① $28 \times 22 =$ ☐☐☐

② $33 \times 37 =$ ☐☐☐

③ $54 \times 56 =$ ☐☐☐

④ $45 \times 45 =$ ☐☐☐

⑤ $67 \times 63 =$ ☐☐☐

⑥ $59 \times 51 =$ ☐☐☐

⑦ $75 \times 75 =$ ☐☐☐

⑧ $66 \times 64 =$ ☐☐☐

⑨ $82 \times 88 =$ ☐☐☐

⑩ $91 \times 99 =$ ☐☐☐

이제 99단 곱셈을 3초 만에 풀 수 있나요?
빠르게 집중해서 풀어 봐요!

🐾 3초 계산법으로 풀어 보세요.

①
$$\begin{array}{r} 2\ 1 \\ \times\ 2\ 9 \\ \hline \end{array}$$

②
$$\begin{array}{r} 3\ 8 \\ \times\ 3\ 2 \\ \hline \end{array}$$

③
$$\begin{array}{r} 4\ 6 \\ \times\ 4\ 4 \\ \hline \end{array}$$

④
$$\begin{array}{r} 6\ 5 \\ \times\ 6\ 5 \\ \hline \end{array}$$

⑤
$$\begin{array}{r} 5\ 2 \\ \times\ 5\ 8 \\ \hline \end{array}$$

⑥
$$\begin{array}{r} 7\ 3 \\ \times\ 7\ 7 \\ \hline \end{array}$$

⑦
$$\begin{array}{r} 8\ 9 \\ \times\ 8\ 1 \\ \hline \end{array}$$

⑧
$$\begin{array}{r} 9\ 8 \\ \times\ 9\ 2 \\ \hline \end{array}$$

세로를 100으로 만들면 쉬운 99단

- 십의 자리 수의 합이 10이고, 일의 자리 수가 같은 경우

비법의 시작

13 67×47의 계산도 쉬워질 거야!

'십의 자리 수의 합이 10이고, 일의 자리 수가 같은 경우'의 99단 곱셈의 쉬운 계산을 알아보세요.

67×47

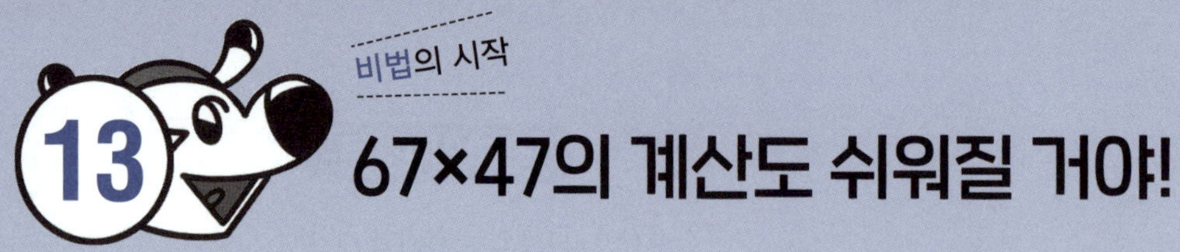

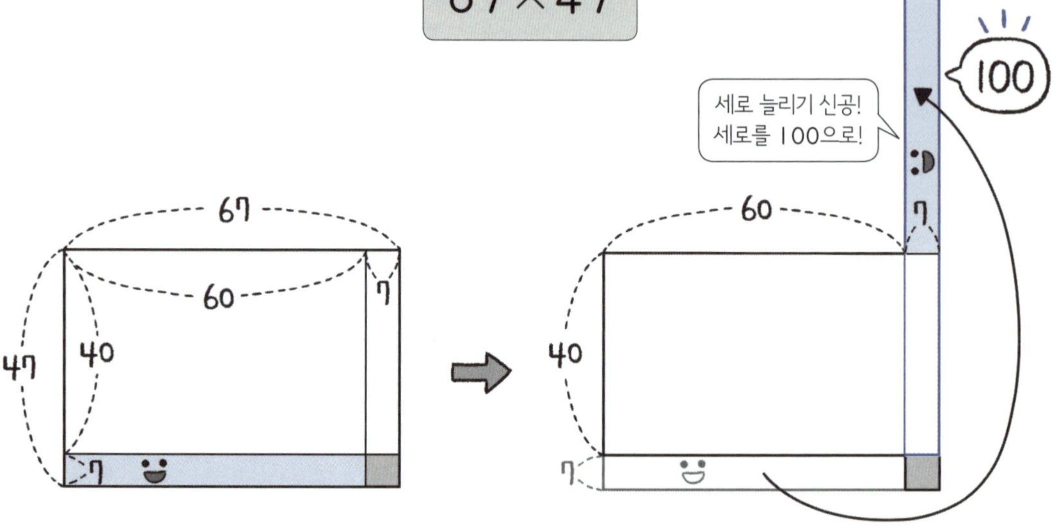

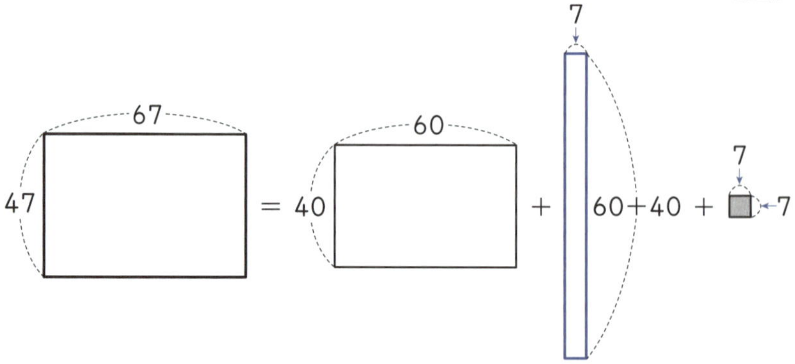

세로 늘리기 신공! 60+40=100 일의 자리 수끼리의 곱

★ $67 \times 47 = 60 \times 40 + 7 \times 100 + 7 \times 7$

- 60×40: 가로 60, 세로 40인 직사각형의 넓이
- 7×100: 가로 7, 세로 100인 직사각형의 넓이
- 7×7: 남은 작은 직사각형의 넓이

$= \square + \square + \square = \square$

세로 늘리기 신공!
세로가 **100**인 직사각형을 만들기 위해 주어진 사각형의 한 부분을 이동하는 방법이에요. 앞으로 '세로 늘리기 신공'이라고 부를게요.

전략 노트 세로가 100 인 직사각형을 만들면 99단 곱셈 계산이 쉬워져!

99단 곱셈 중에서 '십의 자리 수의 합이 10이고, 일의 자리 수가 같은 경우'일 때
그림을 이용하면 99단 곱셈을 계산이 쉬운 '간단한 세 개의 곱의 합'으로 나타낼 수 있어요.

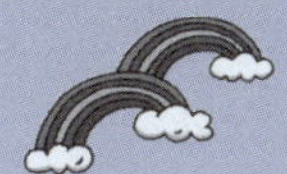

99단 곱셈법의 원리를 이용하여 계산해 보세요.

❶ 26×86

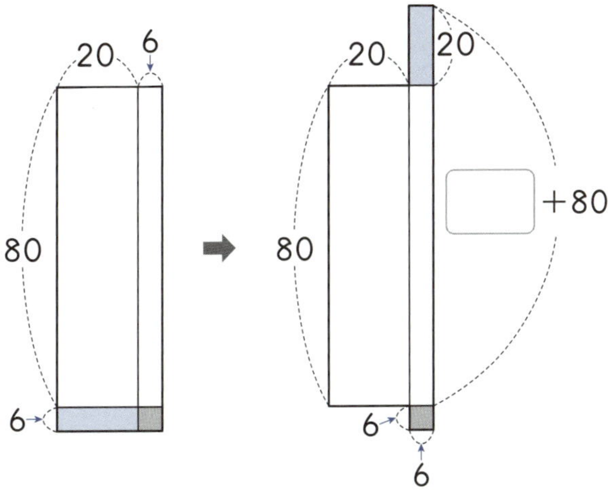

세로 늘리기 신공!

20+80=100

일의 자리 수끼리의 곱

26×86=20×80+6×☐+6×6

=☐+☐+☐=☐

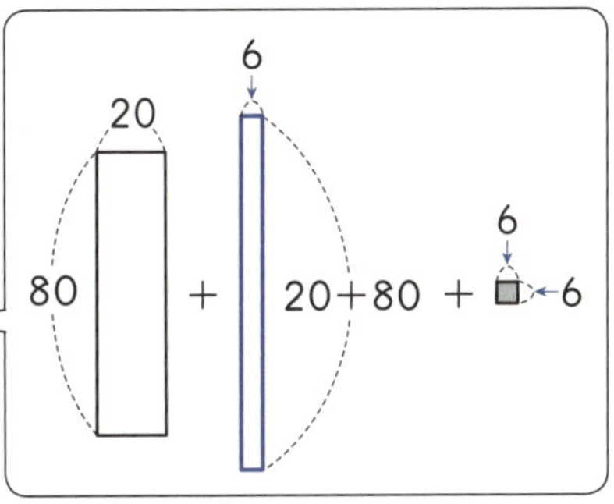

❷ 78×38

70+30

78×38=70×30+8×☐+8×8

=☐+☐+☐=☐

가로의 70을 세로에 붙여 100을 만든다고 기억해요.

70+30

78×38

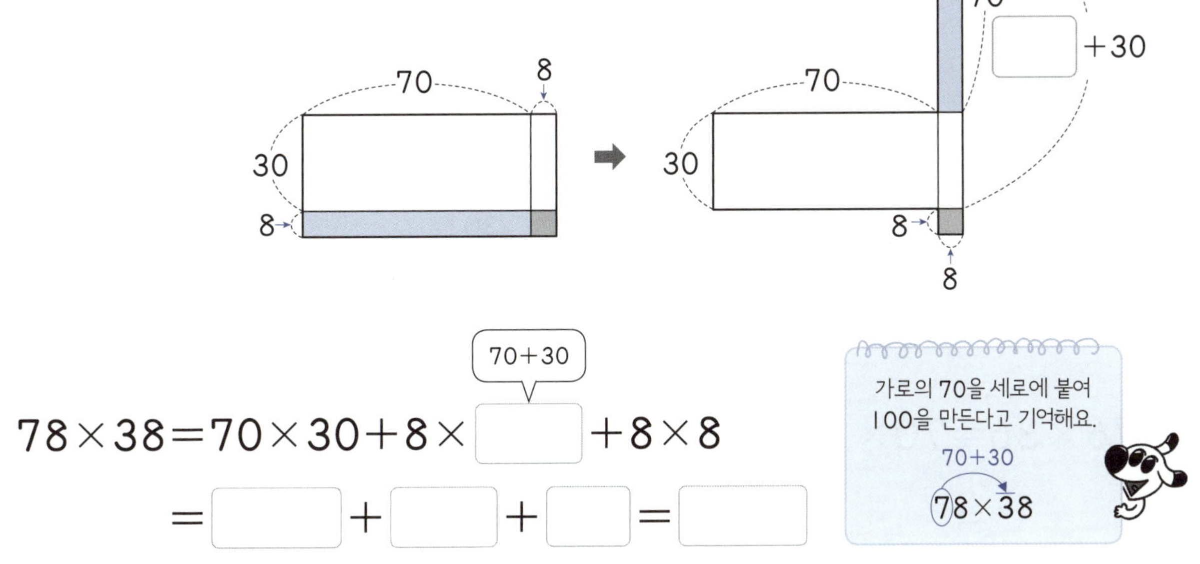

14 그릴 줄 알면 잊어버리지 않을 거야

🐾 색칠된 직사각형을 이동해 그려서 99단 곱셈법의 원리 그림을 완성하고 계산해 보세요.

① 45×65

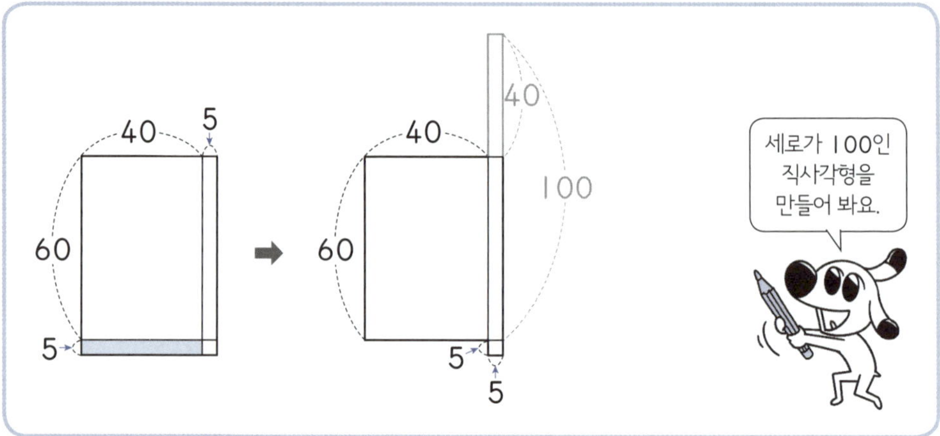

$$45 \times 65 = 40 \times \boxed{} + 5 \times \boxed{} + 5 \times \boxed{}$$

$$= \boxed{} + \boxed{} + \boxed{} = \boxed{}$$

② 76×36

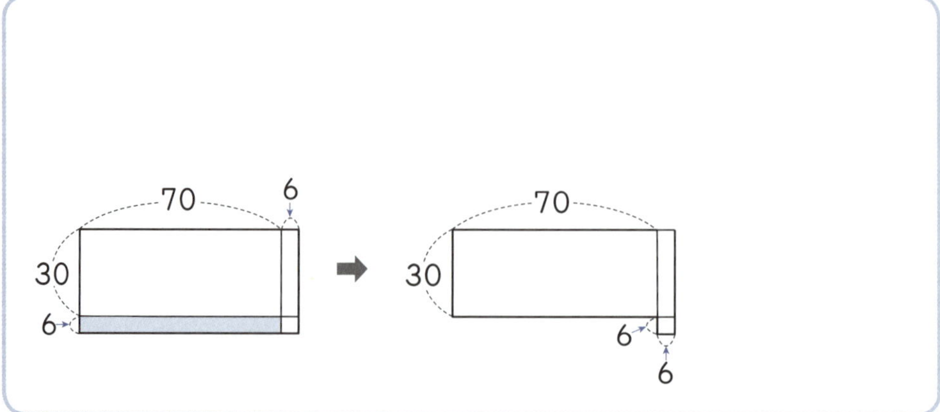

$$76 \times 36 = 70 \times \boxed{} + 6 \times \boxed{} + 6 \times \boxed{}$$

$$= \boxed{} + \boxed{} + \boxed{} = \boxed{}$$

🐾 색칠된 직사각형을 이동해 그려서 99단 곱셈법의 원리 그림을 완성하고 계산
해 보세요.

1 27×87

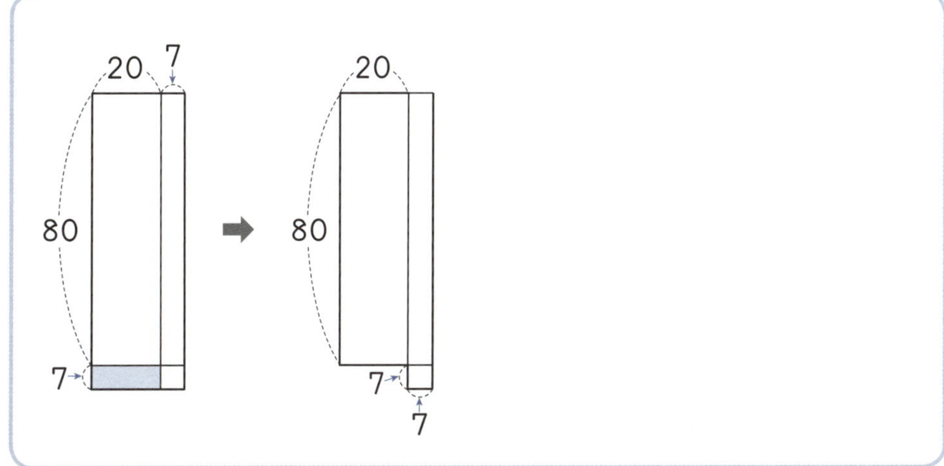

$$27 \times 87 = 20 \times \boxed{} + 7 \times \boxed{} + 7 \times \boxed{}$$

$$= \boxed{} + \boxed{} + \boxed{} = \boxed{}$$

2 59×59

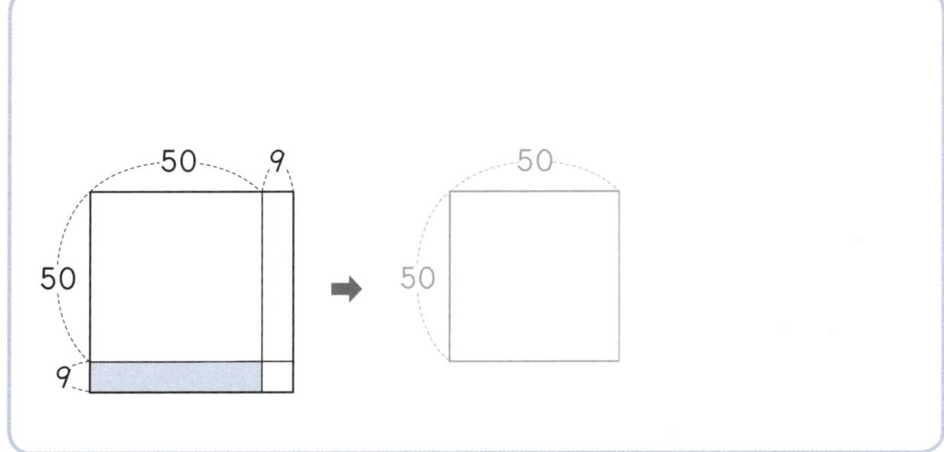

$$59 \times 59 = 50 \times \boxed{} + 9 \times \boxed{} + 9 \times \boxed{}$$

$$= \boxed{} + \boxed{} + \boxed{} = \boxed{}$$

간단한 세 개의 곱의 합으로 구하면 쉬워 1

🐾 간단한 세 개의 곱의 합으로 계산해 보세요.

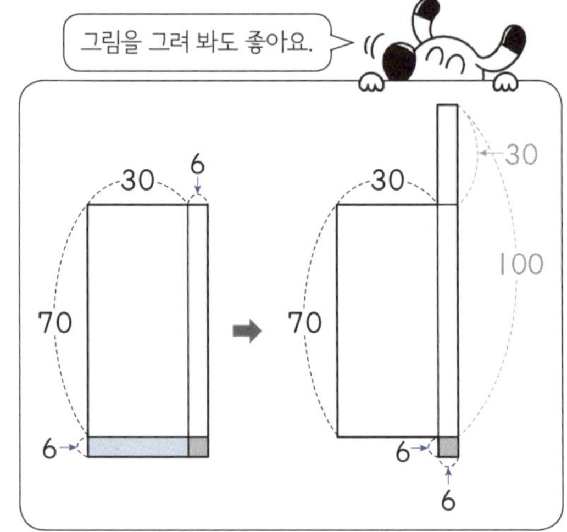

1 36×76

$= 30 \times 70 + 6 \times \boxed{} + 6 \times 6$

$= \boxed{} + \boxed{} + \boxed{}$

$= \boxed{}$

2 $23 \times 83 = 20 \times \boxed{} + 3 \times \boxed{} + 3 \times 3$

$= \boxed{} + \boxed{} + \boxed{} = \boxed{}$

3 $64 \times 44 = 60 \times \boxed{} + 4 \times \boxed{} + 4 \times 4$

$= \boxed{} + \boxed{} + \boxed{} = \boxed{}$

4 $57 \times 57 = 50 \times \boxed{} + 7 \times \boxed{} + 7 \times 7$

$= \boxed{} + \boxed{} + \boxed{} = \boxed{}$

5 $78 \times 38 = 70 \times \boxed{} + 8 \times \boxed{} + 8 \times 8$

$= \boxed{} + \boxed{} + \boxed{} = \boxed{}$

 99단 곱셈을 '간단한 세 개의 곱의 합'으로 나타내는 과정이 익숙해지도록 연습해 봐요.

🐾 간단한 세 개의 곱의 합으로 계산해 보세요.

① $12 \times 92 = 10 \times \boxed{} + 2 \times \boxed{} + 2 \times \boxed{}$

$\quad = \boxed{} + \boxed{} + \boxed{} = \boxed{}$

② $53 \times 53 = 50 \times \boxed{} + 3 \times \boxed{} + 3 \times \boxed{}$

$\quad = \boxed{} + \boxed{} + \boxed{} = \boxed{}$

③ $65 \times 45 = 60 \times \boxed{} + 5 \times \boxed{} + 5 \times \boxed{}$

$\quad = \boxed{} + \boxed{} + \boxed{} = \boxed{}$

④ $39 \times 79 = 30 \times \boxed{} + 9 \times \boxed{} + 9 \times \boxed{}$

$\quad = \boxed{} + \boxed{} + \boxed{} = \boxed{}$

⑤ $91 \times 11 = 90 \times \boxed{} + 1 \times \boxed{} + 1 \times \boxed{}$

$\quad = \boxed{} + \boxed{} + \boxed{} = \boxed{}$

⑥ $86 \times 26 = 80 \times \boxed{} + 6 \times \boxed{} + 6 \times \boxed{}$

$\quad = \boxed{} + \boxed{} + \boxed{} = \boxed{}$

16 간단한 세 개의 곱의 합으로 구하면 쉬워 2

🐾 간단한 세 개의 곱의 합으로 계산해 보세요.

① 65×45

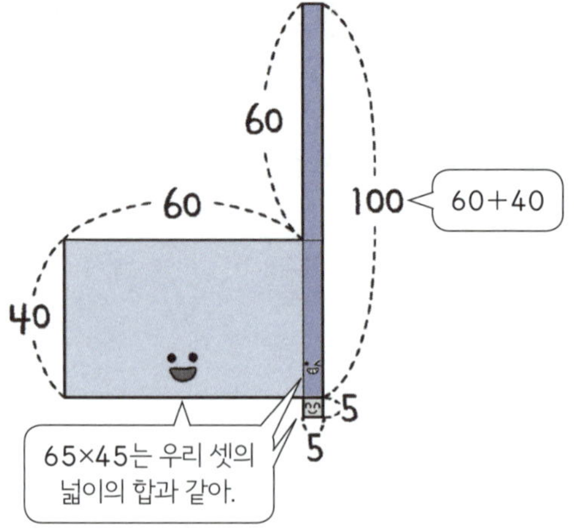

$= 60 \times 40 + 5 \times \boxed{} + 5 \times \boxed{}$

$= \boxed{} + \boxed{} + \boxed{}$

$= \boxed{}$

② $38 \times 78 = 30 \times \boxed{} + 8 \times \boxed{} + 8 \times \boxed{}$

$= \boxed{} + \boxed{} + \boxed{} = \boxed{}$

③ $54 \times 54 = 50 \times \boxed{} + 4 \times \boxed{} + 4 \times \boxed{}$

$= \boxed{} + \boxed{} + \boxed{} = \boxed{}$

④ $49 \times 69 = 40 \times \boxed{} + 9 \times \boxed{} + 9 \times \boxed{}$

$= \boxed{} + \boxed{} + \boxed{} = \boxed{}$

⑤ $88 \times 28 = 80 \times \boxed{} + 8 \times \boxed{} + 8 \times \boxed{}$

$= \boxed{} + \boxed{} + \boxed{} = \boxed{}$

그림을 떠올리면 계산하는 방법을 기억하기 쉬울 거예요.
'가로와 세로가 몇십인 직사각형'에 '세로가 100인 직사각형'과
'남은 작은 직사각형'의 넓이를 더한다고 생각해 봐요.

🐾 간단한 세 개의 곱의 합으로 계산해 보세요.

❶ $32 \times 72 = 30 \times \boxed{} + \boxed{} \times \boxed{} + 2 \times 2$

$ = \boxed{} + \boxed{} + \boxed{} = \boxed{}$

❷ $13 \times 93 = 10 \times \boxed{} + 3 \times \boxed{} + 3 \times 3$

$ = \boxed{} + \boxed{} + \boxed{} = \boxed{}$

❸ $27 \times 87 = 20 \times \boxed{} + \boxed{} \times \boxed{} + 7 \times 7$

$ = \boxed{} + \boxed{} + \boxed{} = \boxed{}$

❹ $68 \times 48 = 60 \times \boxed{} + \boxed{} \times \boxed{} + 8 \times 8$

$ = \boxed{} + \boxed{} + \boxed{} = \boxed{}$

❺ $56 \times 56 = 50 \times \boxed{} + \boxed{} \times \boxed{} + 6 \times 6$

$ = \boxed{} + \boxed{} + \boxed{} = \boxed{}$

❻ $79 \times 39 = 70 \times \boxed{} + \boxed{} \times \boxed{} + 9 \times 9$

$ = \boxed{} + \boxed{} + \boxed{} = \boxed{}$

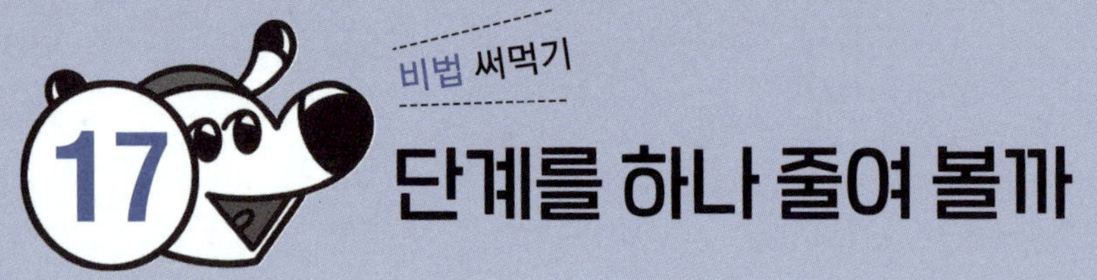

17 단계를 하나 줄여 볼까

🐾 단계를 하나 줄여서 계산해 보세요.

① 23×83

$= \boxed{1600} + \boxed{} + \boxed{} = \boxed{}$

② 45×65

$= \boxed{} + \boxed{} + \boxed{}$

$= \boxed{}$

③ 72×32

$= \boxed{} + \boxed{} + \boxed{}$

$= \boxed{}$

④ 59×59

$= \boxed{} + \boxed{} + \boxed{}$

$= \boxed{}$

⑤ 66×46

$= \boxed{} + \boxed{} + \boxed{}$

$= \boxed{}$

⑥ 98×18

$= \boxed{} + \boxed{} + \boxed{}$

$= \boxed{}$

⑦ 87×27

$= \boxed{} + \boxed{} + \boxed{}$

$= \boxed{}$

🐾 단계를 하나 줄여서 계산해 보세요.

1 12×92

= ☐ + ☐ + ☐

= ☐

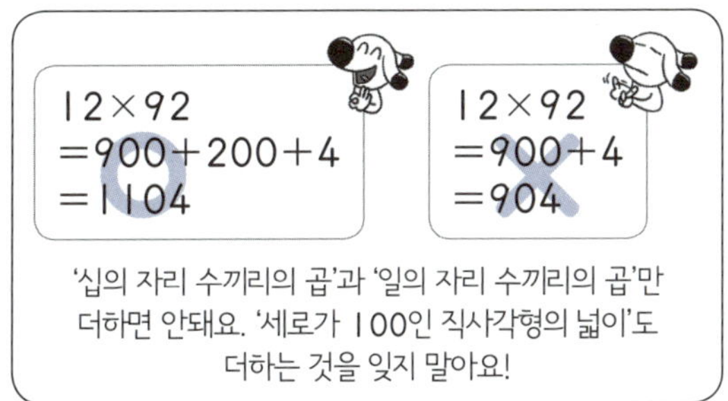

'십의 자리 수끼리의 곱'과 '일의 자리 수끼리의 곱'만
더하면 안돼요. '세로가 100인 직사각형의 넓이'도
더하는 것을 잊지 말아요!

2 36×76

= ☐ + ☐ + ☐

= ☐

3 63×43

= ☐ + ☐ + ☐

= ☐

4 77×37

= ☐ + ☐ + ☐

= ☐

5 58×58

= ☐ + ☐ + ☐

= ☐

6 84×24

= ☐ + ☐ + ☐

= ☐

7 99×19

= ☐ + ☐ + ☐

= ☐

18 세로를 100으로 만들면 쉬운 99단

🐾 단계를 줄여서 계산해 보세요.

❶ $34 \times 74 = 2100 + 400 + 16$
$ =$

❷ $13 \times 93 =$

❸ $41 \times 61 =$

❹ $52 \times 52 =$

❺ $25 \times 85 =$

❻ $68 \times 48 =$

❼ $86 \times 26 =$

❽ $79 \times 39 =$

❾ $97 \times 17 =$

계산을 바르게 한 친구를 찾아 ◯표 하세요.

❶

23×83
=20×80+3×3
=1600+9
=1609

62×42
=60×40+2×100
+2×2
=2400+200+4
=2604

(   )

(   )

❷

15×95
=100+900+25
=1025

단계를 하나 줄여서
계산해야지~.

76×36
=2100+600+36
=2736

세 개의 곱의 합으로
나타내면 쉽지~.

(   )

(   )

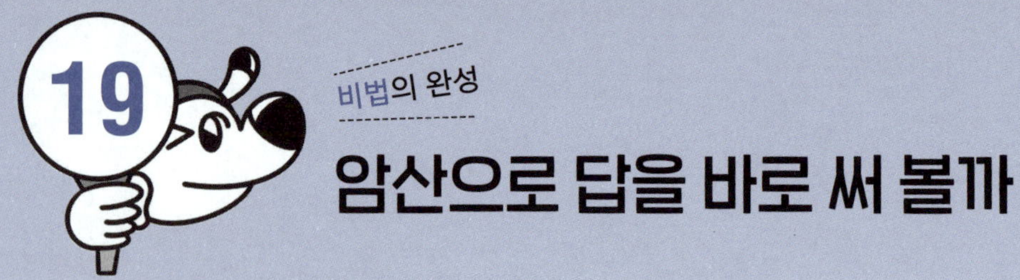

비법의 완성

암산으로 답을 바로 써 볼까

보기 와 같이 3초 계산법으로 풀어 보세요.

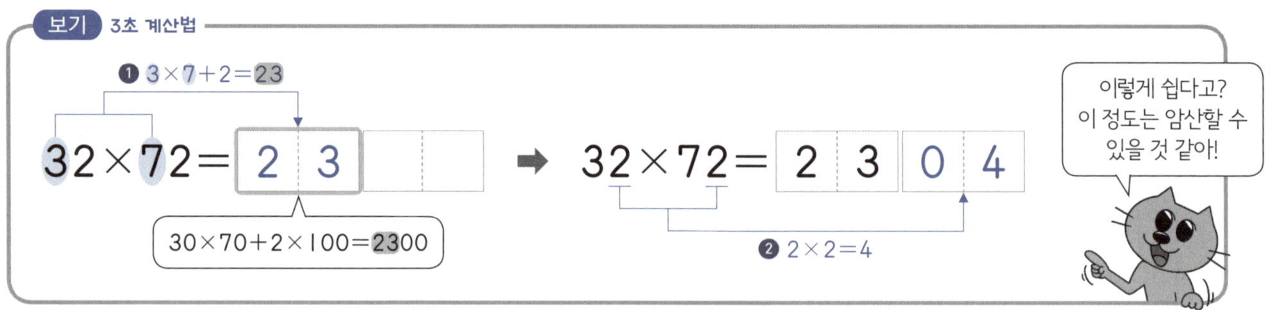

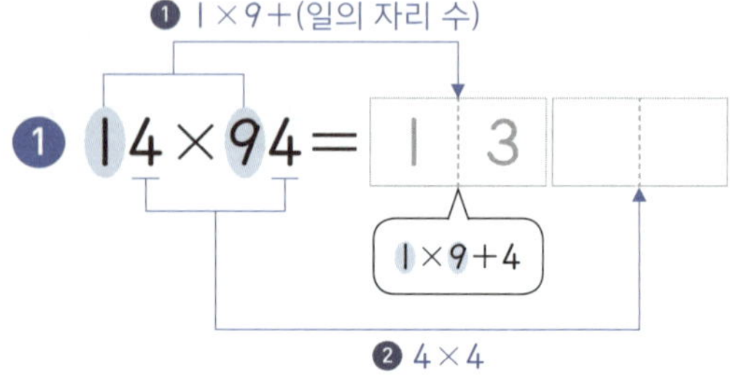

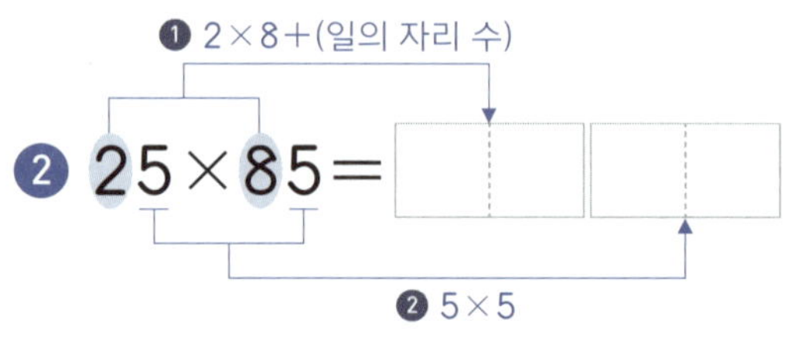

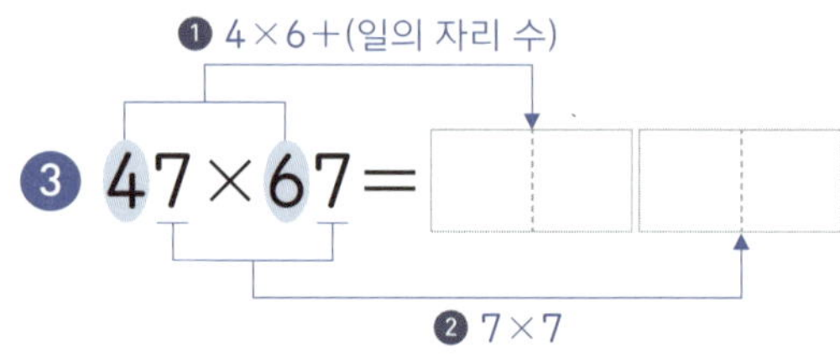

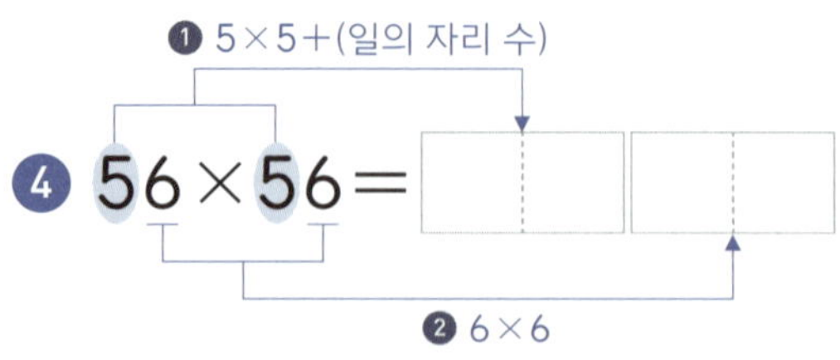

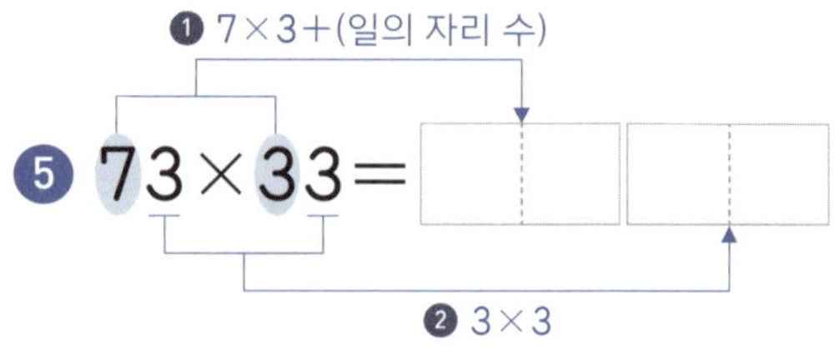

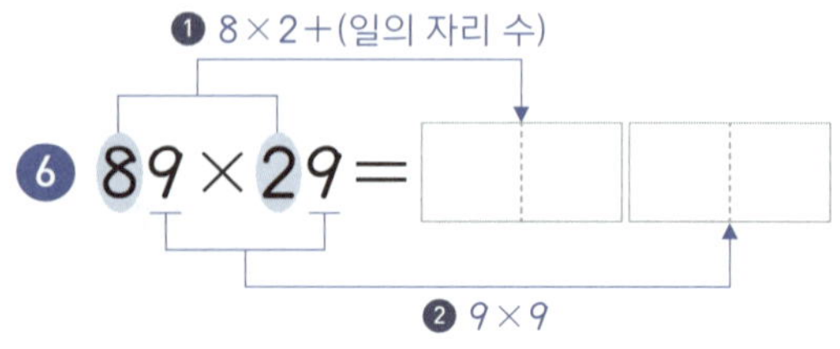

🐾 3초 계산법으로 풀어 보세요.

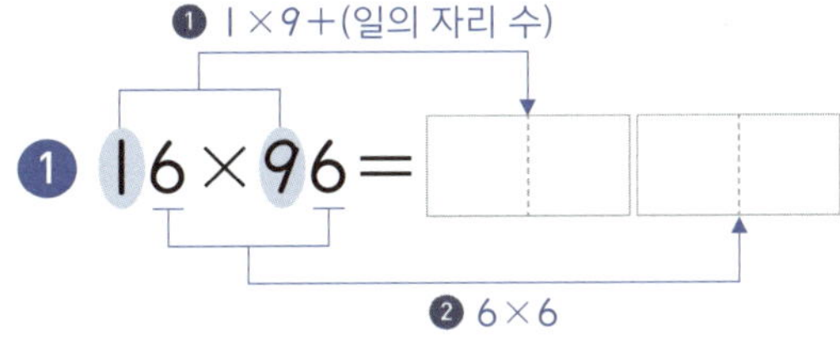

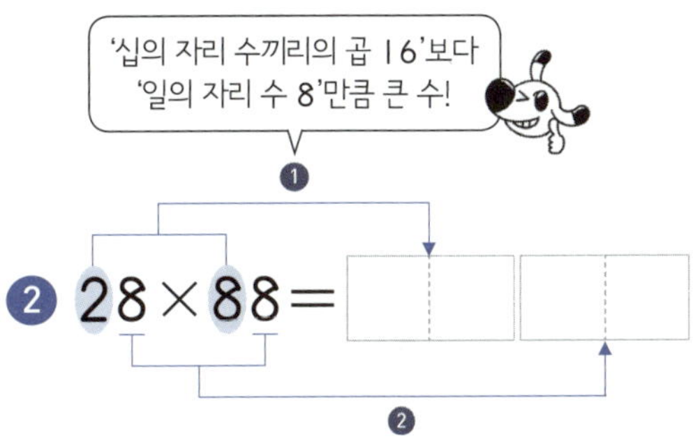

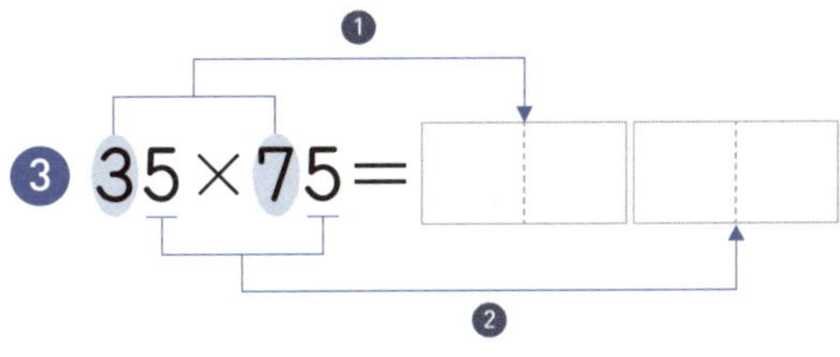

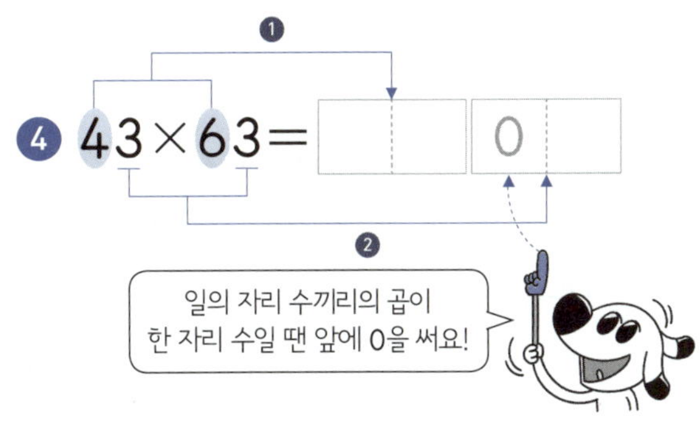

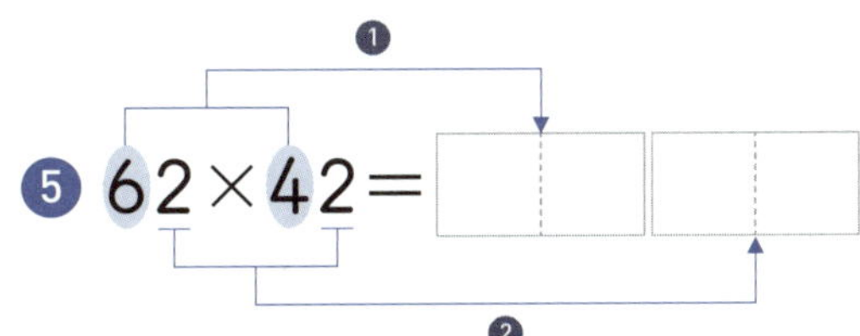

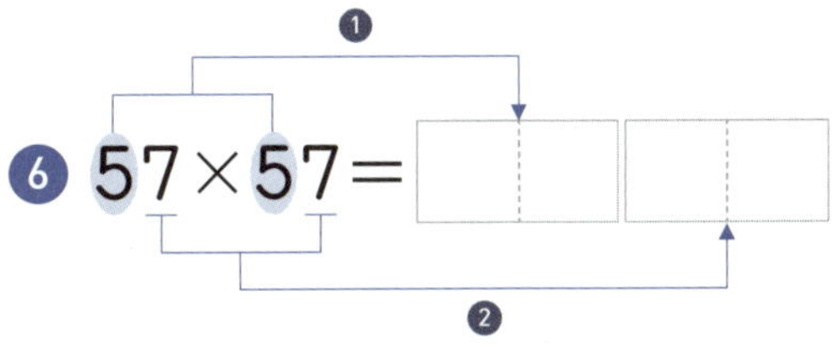

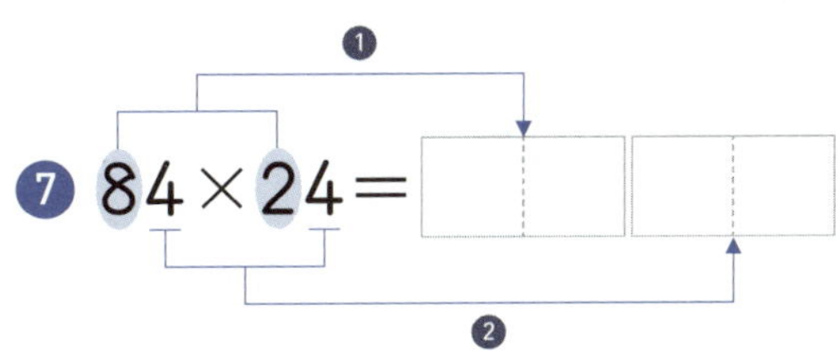

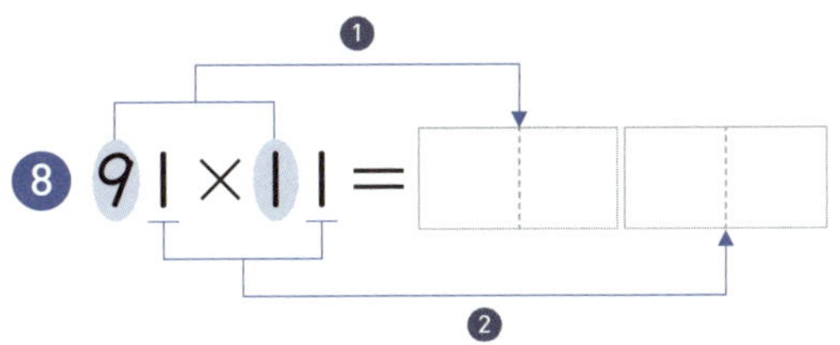

세로셈도 암산으로 답을 바로 써 볼까

보기 와 같이 3초 계산법으로 풀어 보세요.

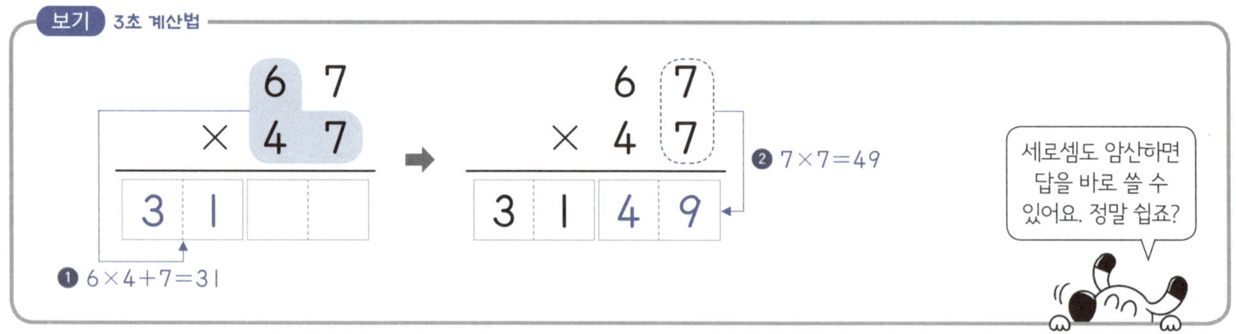

①
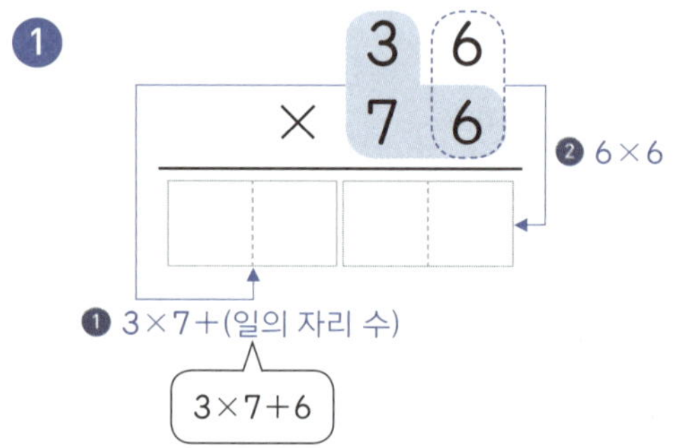

②
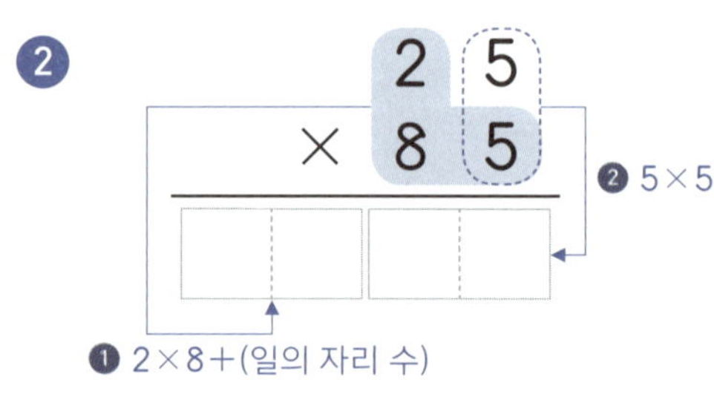

③
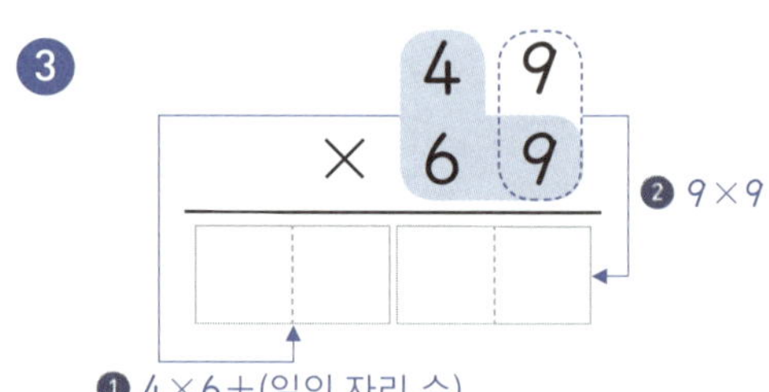

④
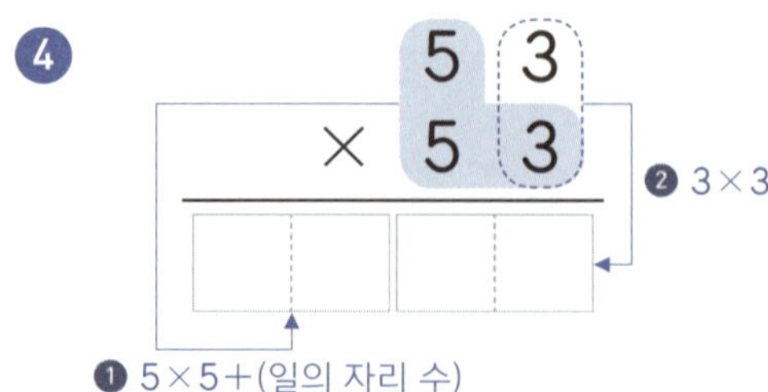

⑤
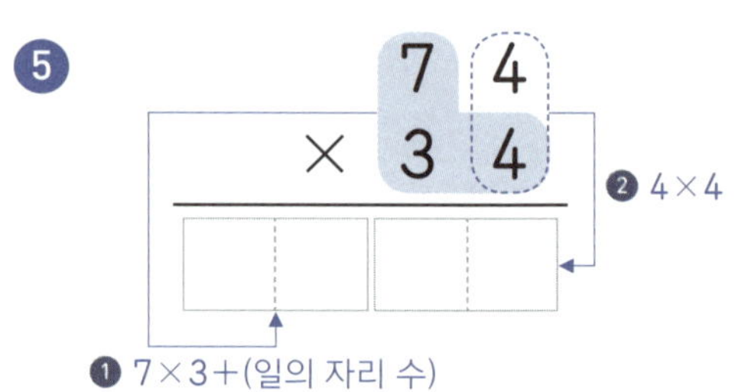

⑥
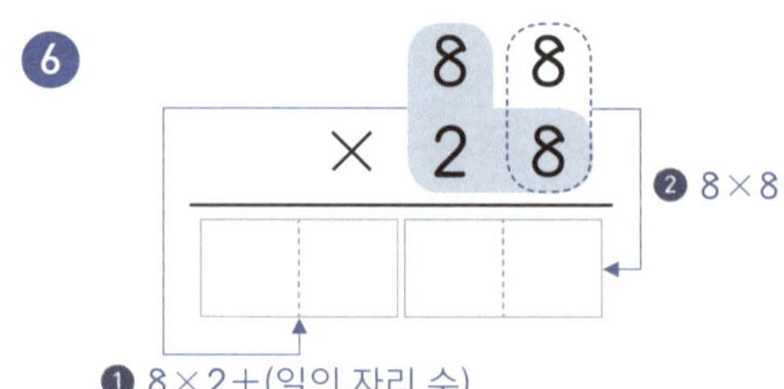

🐾 3초 계산법으로 풀어 보세요.

1

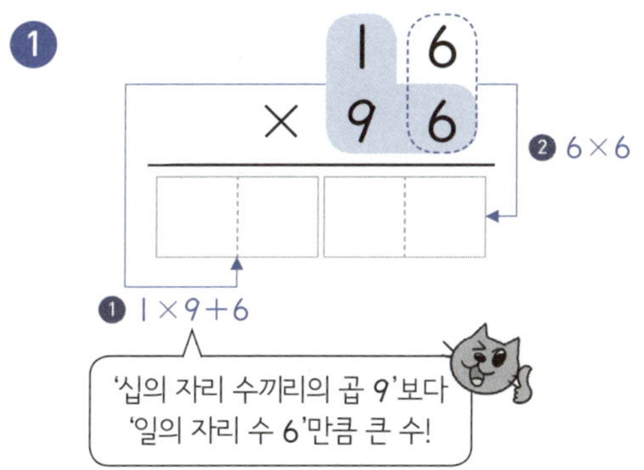

2

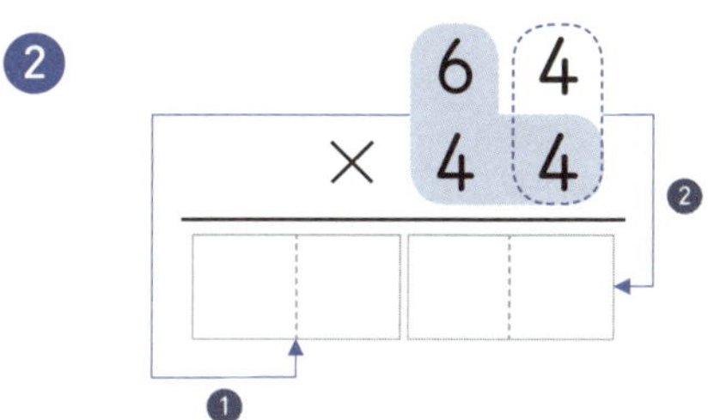

3

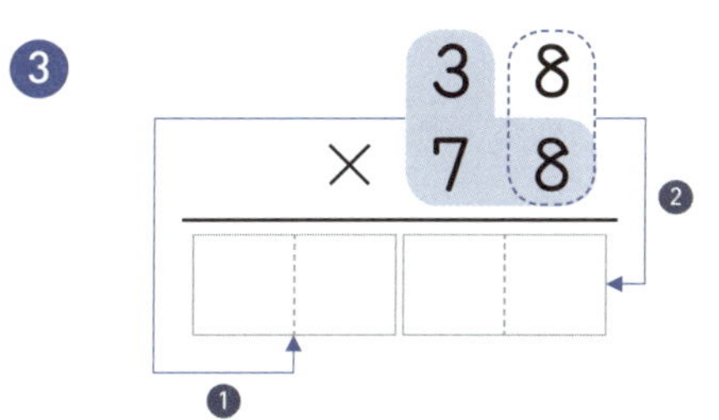

4

5

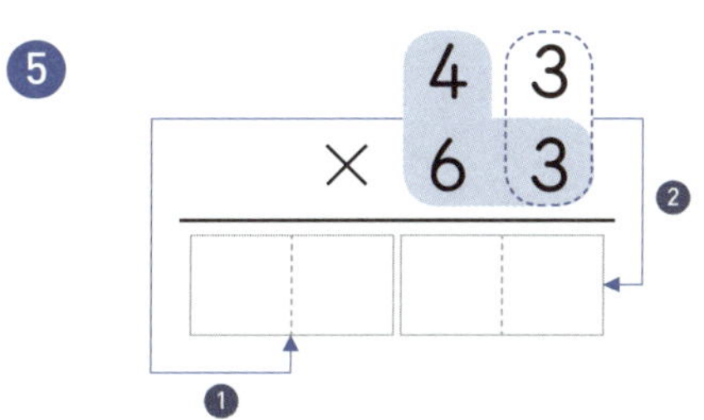

6

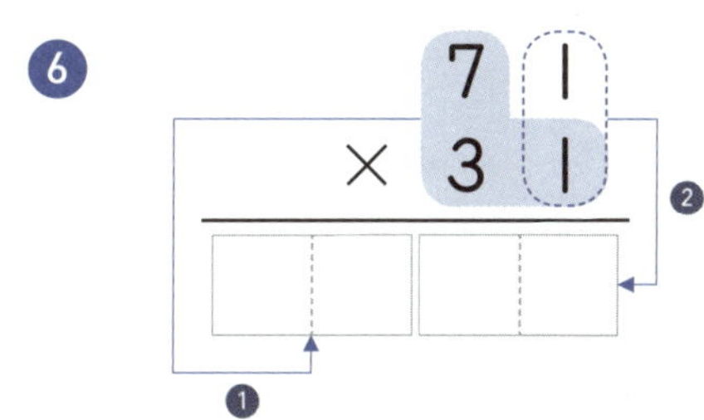

7

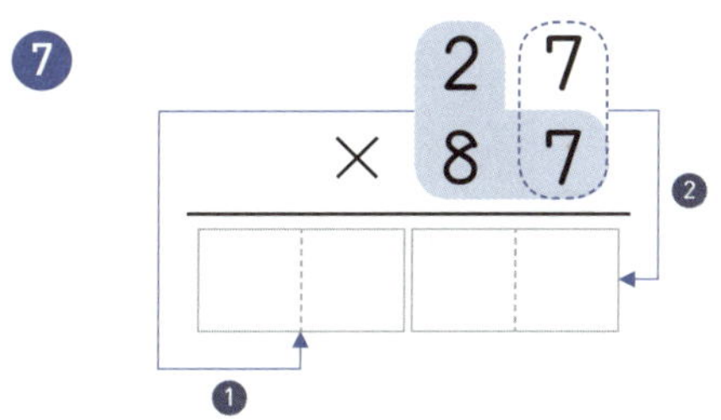

8

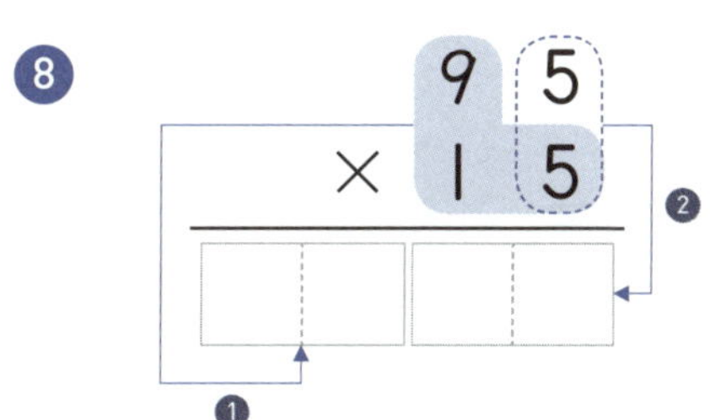

답이 바로 나오는 99단 3초 계산법 1

🐾 3초 계산법으로 풀어 보세요.

① $15 \times 95 =$ ⬚⬚

② $62 \times 42 =$ ⬚⬚

③ $27 \times 87 =$ ⬚⬚

④ $51 \times 51 =$ ⬚⬚

⑤ $34 \times 74 =$ ⬚⬚

⑥ $48 \times 68 =$ ⬚⬚

⑦ $96 \times 16 =$ ⬚⬚

⑧ $55 \times 55 =$ ⬚⬚

⑨ $73 \times 33 =$ ⬚⬚

⑩ $89 \times 29 =$ ⬚⬚

가로셈과 세로셈을 다시 풀면서 비법을 완성해 봐요!
3초 계산법을 연습하면 빠르게 답을 구할 수 있을 거예요.

🐾 3초 계산법으로 풀어 보세요.

1
$$\begin{array}{r} 2\ 2 \\ \times\ 8\ 2 \\ \hline \end{array}$$

2
$$\begin{array}{r} 1\ 1 \\ \times\ 9\ 1 \\ \hline \end{array}$$

3
$$\begin{array}{r} 4\ 5 \\ \times\ 6\ 5 \\ \hline \end{array}$$

4
$$\begin{array}{r} 5\ 3 \\ \times\ 5\ 3 \\ \hline \end{array}$$

5
$$\begin{array}{r} 6\ 6 \\ \times\ 4\ 6 \\ \hline \end{array}$$

6
$$\begin{array}{r} 9\ 9 \\ \times\ 1\ 9 \\ \hline \end{array}$$

7
$$\begin{array}{r} 8\ 8 \\ \times\ 2\ 8 \\ \hline \end{array}$$

8
$$\begin{array}{r} 7\ 7 \\ \times\ 3\ 7 \\ \hline \end{array}$$

답이 바로 나오는 99단 3초 계산법 2

🐾 3초 계산법으로 풀어 보세요.

① 24×84＝

② 43×63＝

③ 55×55＝

④ 66×46＝

⑤ 42×62＝

⑥ 71×31＝

⑦ 97×17＝

⑧ 39×79＝

⑨ 58×58＝

⑩ 86×26＝

🐾 3초 계산법으로 풀어 보세요.

1
$$\begin{array}{r} 1\ 3 \\ \times\ 9\ 3 \\ \hline \end{array}$$

2
$$\begin{array}{r} 3\ 2 \\ \times\ 7\ 2 \\ \hline \end{array}$$

3
$$\begin{array}{r} 6\ 1 \\ \times\ 4\ 1 \\ \hline \end{array}$$

4
$$\begin{array}{r} 5\ 2 \\ \times\ 5\ 2 \\ \hline \end{array}$$

5
$$\begin{array}{r} 7\ 6 \\ \times\ 3\ 6 \\ \hline \end{array}$$

6
$$\begin{array}{r} 4\ 7 \\ \times\ 6\ 7 \\ \hline \end{array}$$

7
$$\begin{array}{r} 9\ 8 \\ \times\ 1\ 8 \\ \hline \end{array}$$

8
$$\begin{array}{r} 8\ 9 \\ \times\ 2\ 9 \\ \hline \end{array}$$

모든 99단이 빨라지는 5초 계산법

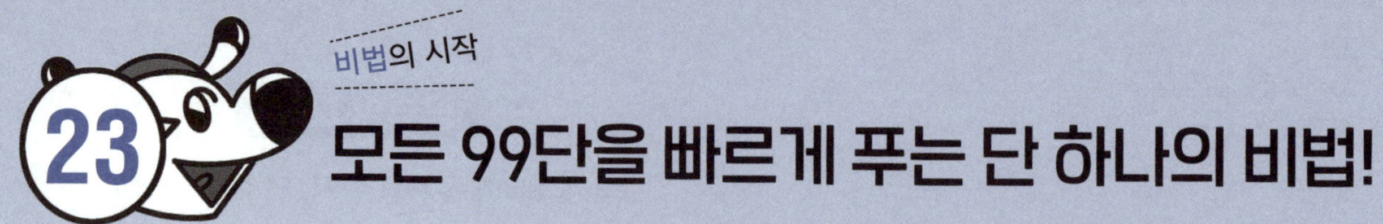

🐾 모든 경우의 99단 곱셈을 쉽게 계산하는 99단 곱셈법의 원리를 알아보세요.

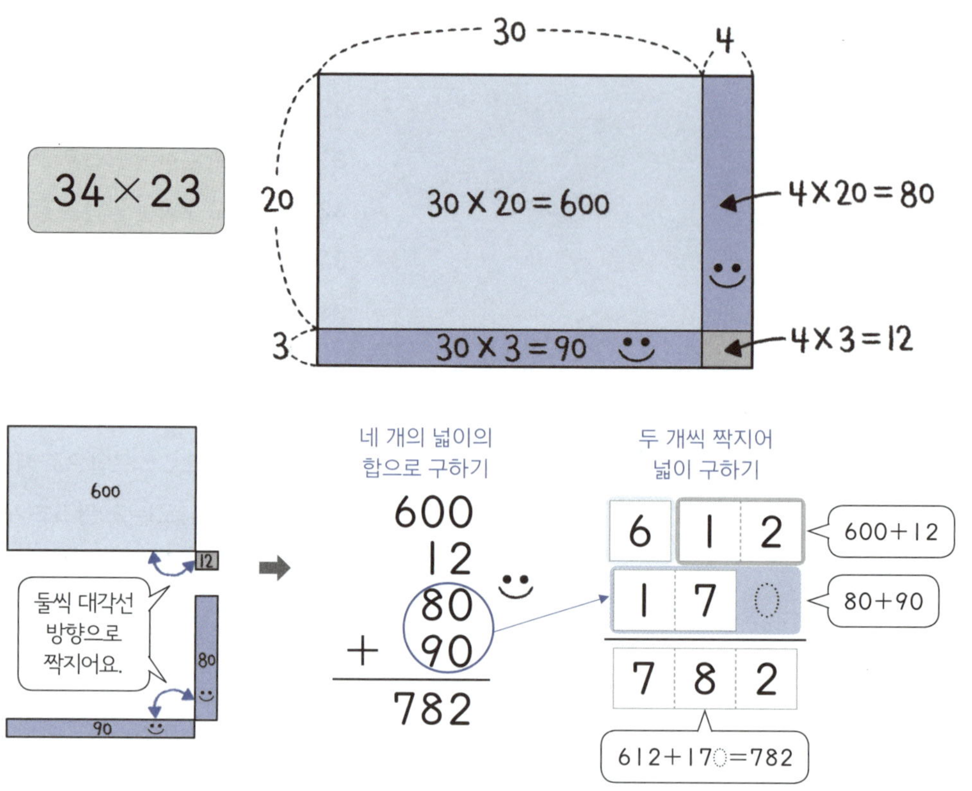

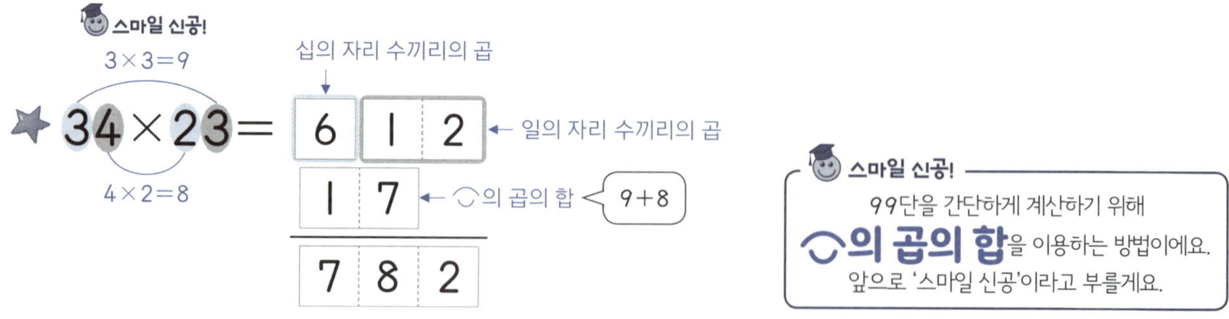

+전략 노트+ 둘씩 대각선 방향으로 짝지어 더하면 99단 곱셈 계산이 쉬워져!

🐾 99단 곱셈법의 원리를 이용하여 계산해 보세요.

1 27×15

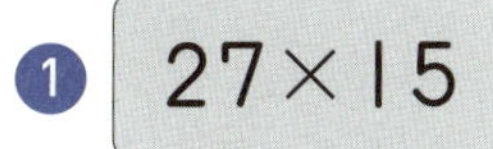

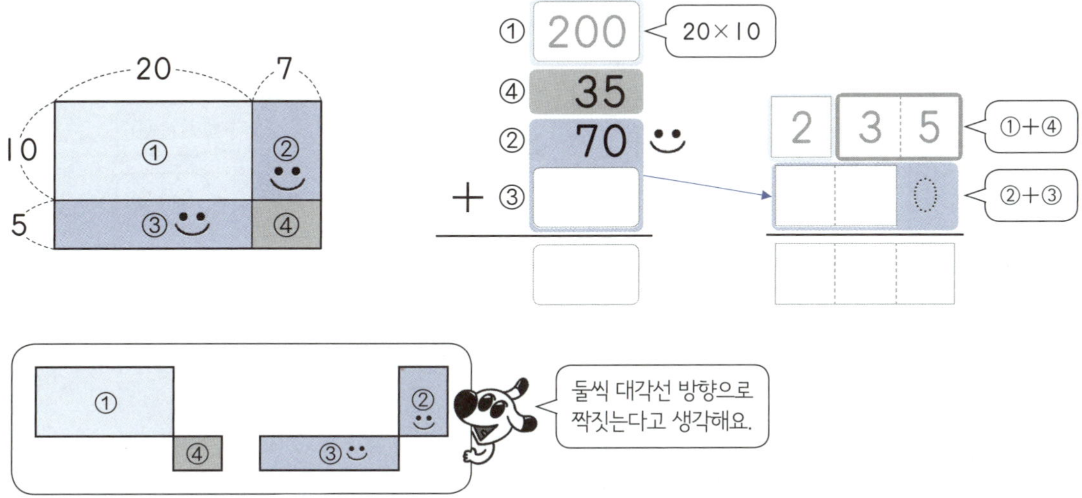

2 43×62

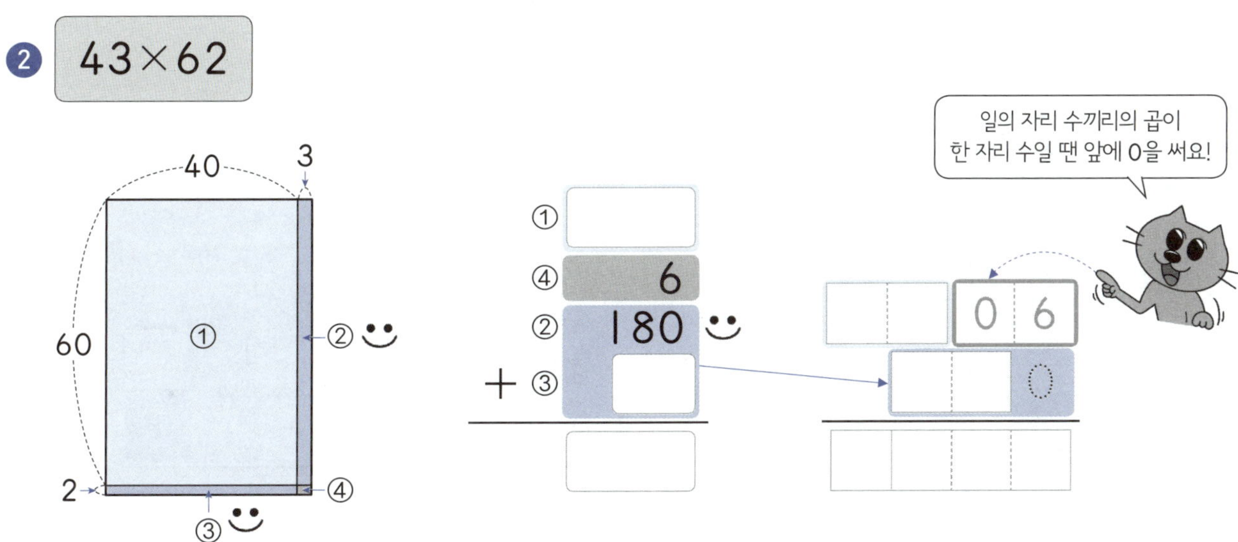

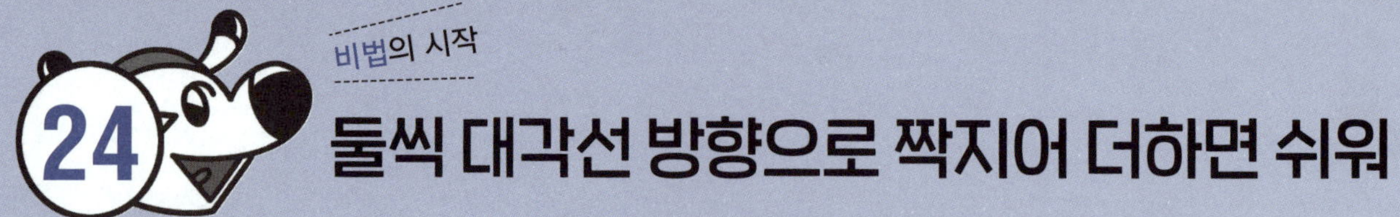

24 둘씩 대각선 방향으로 짝지어 더하면 쉬워

99단 곱셈법의 원리를 이용하여 계산해 보세요.

1 24×35

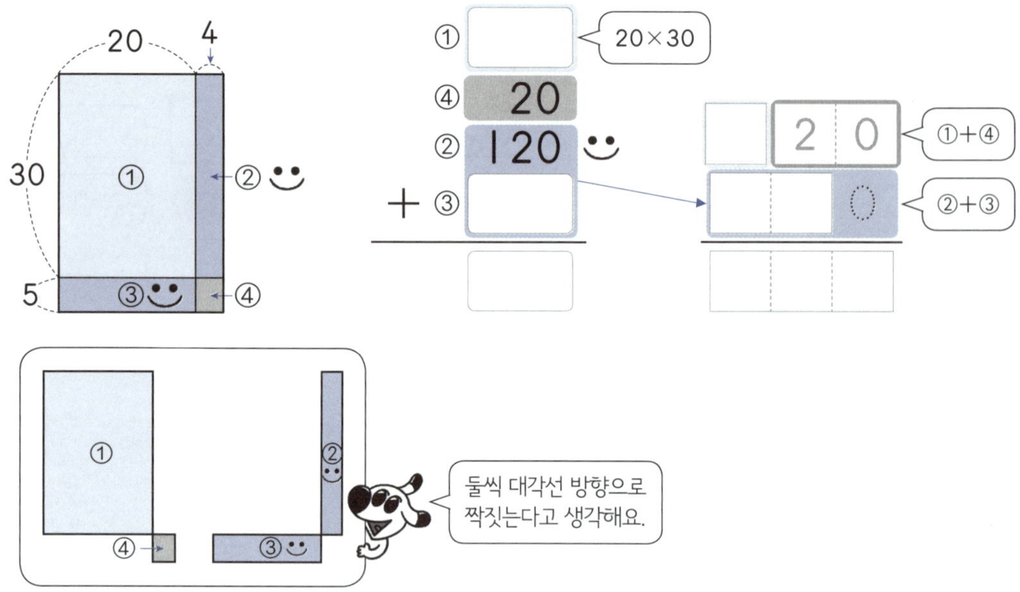

2 42×23

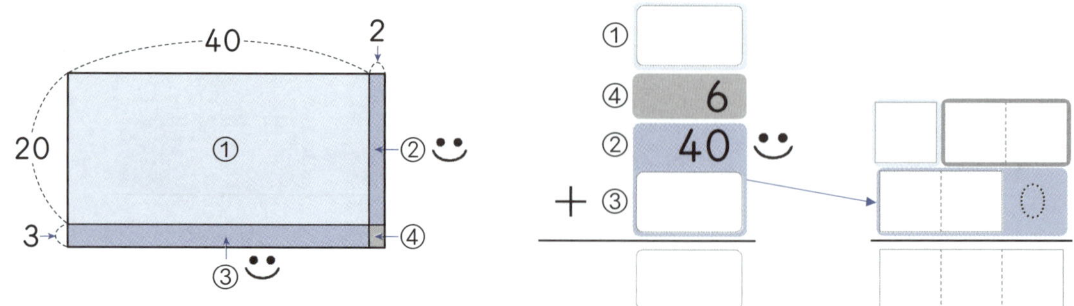

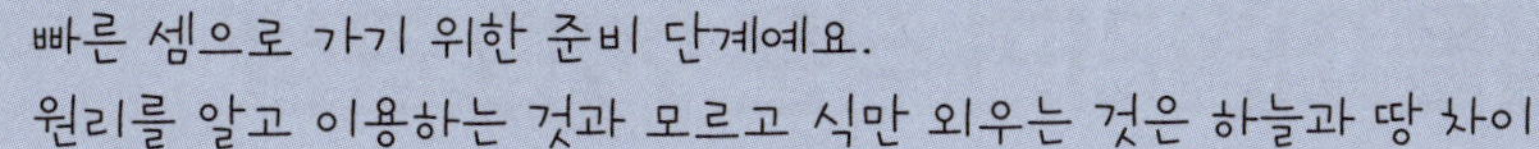

🐾 99단 곱셈법의 원리를 이용하여 계산해 보세요.

❶ 36×58

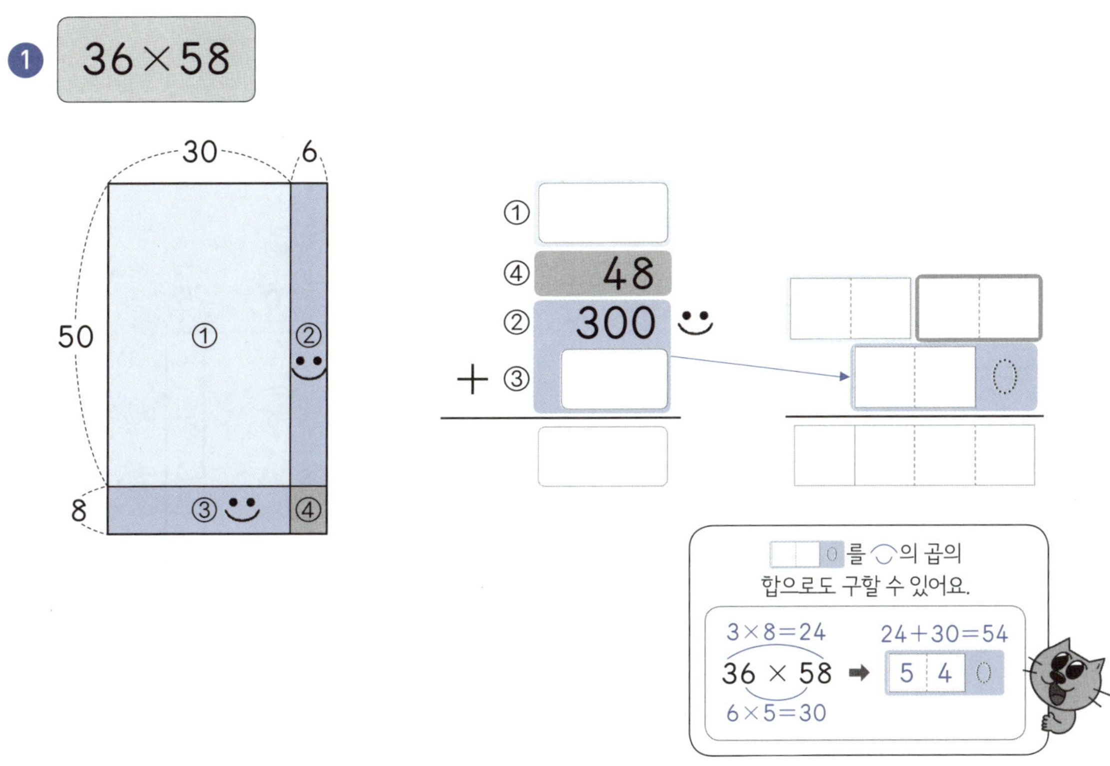

❷ 65×49

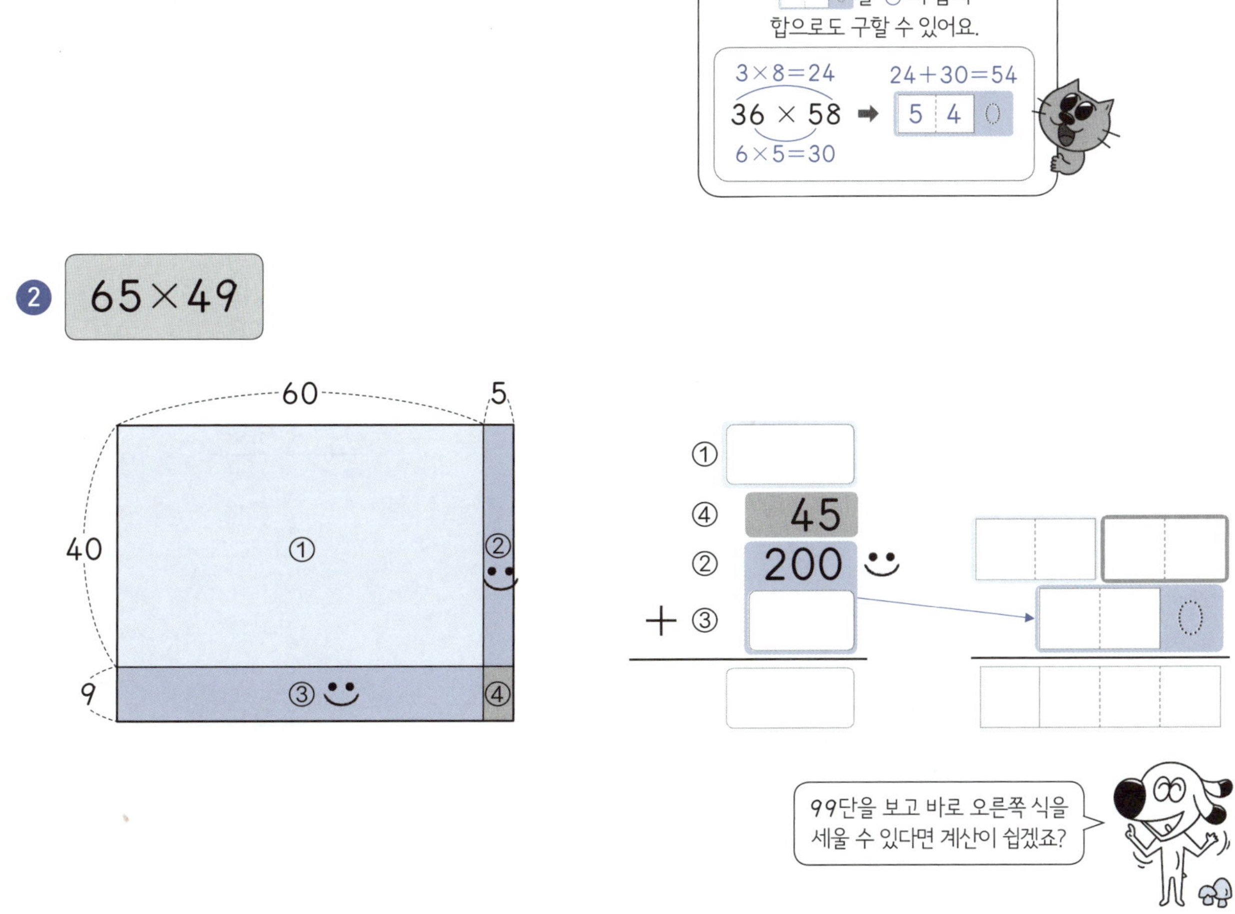

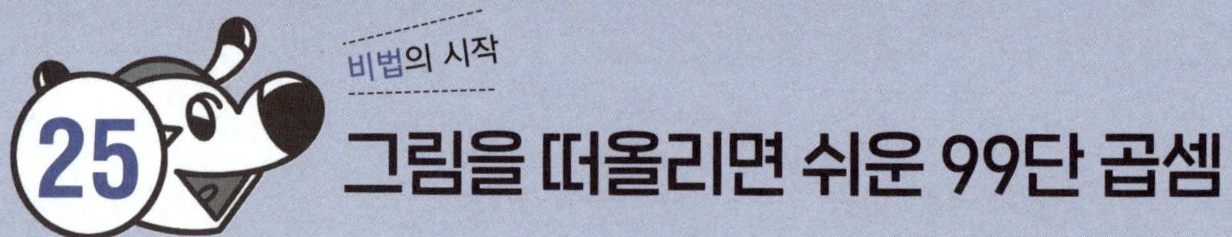

비법의 시작

그림을 떠올리면 쉬운 99단 곱셈

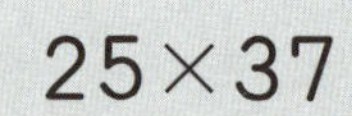 같은 값을 나타내는 것끼리 선으로 잇고 답을 구해 보세요.

| 25×37 | 35×27 |

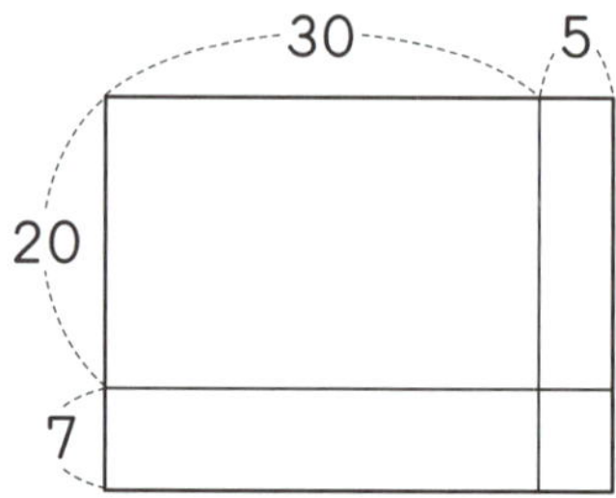

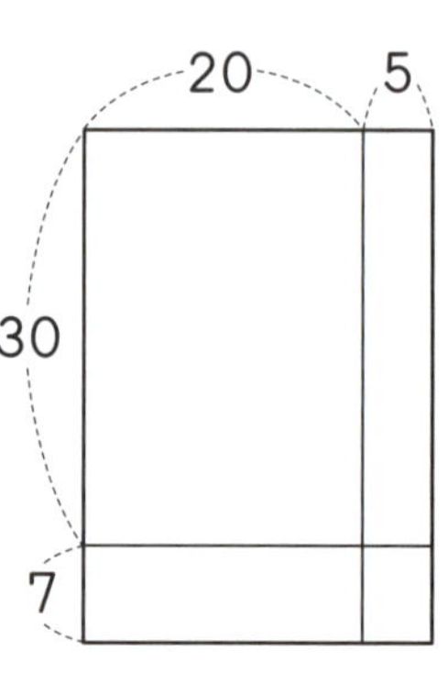

$$\begin{array}{r} 600 \\ 35 \\ 100 \\ + 210 \end{array}$$

$$\begin{array}{r} 600 \\ 35 \\ 150 \\ + 140 \end{array}$$

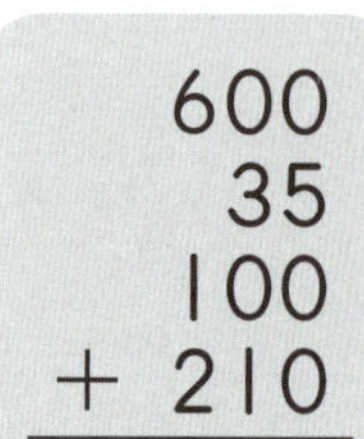

$$\begin{array}{r} 635 \\ + 290 \\ \hline \end{array}$$

$$\begin{array}{r} 635 \\ + 310 \\ \hline \end{array}$$

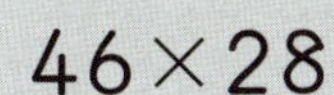 같은 값을 나타내는 것끼리 선으로 잇고 답을 구해 보세요.

46×28	48×26

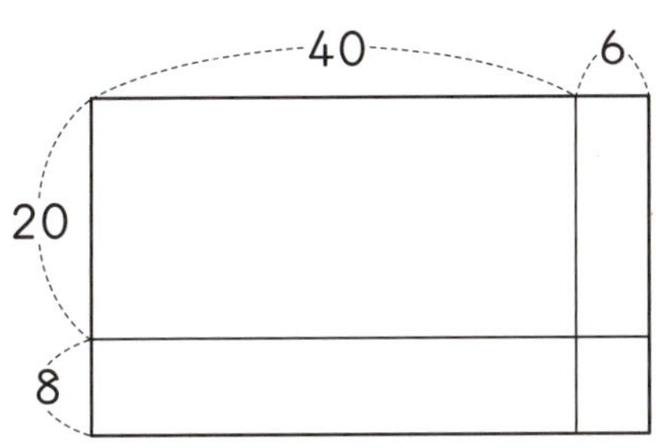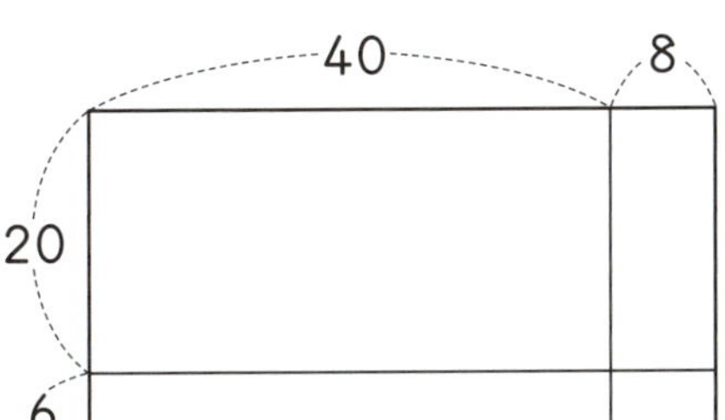

800	800
48	48
160	120
+ 240	+ 320

| 848 | 848 |
| + 40 | + 44 |

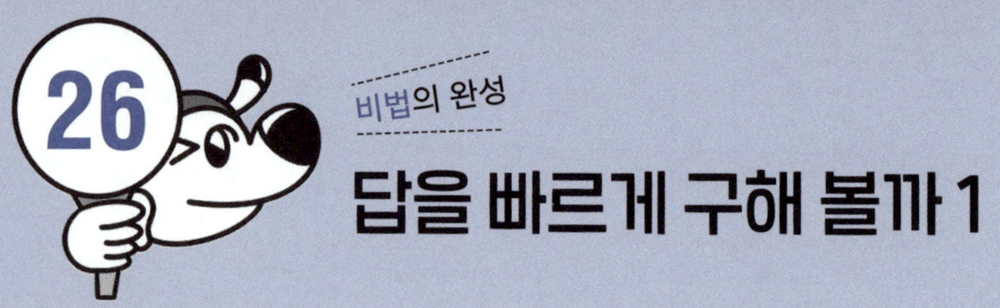

답을 빠르게 구해 볼까 1

보기 와 같이 5초 계산법으로 풀어 보세요.

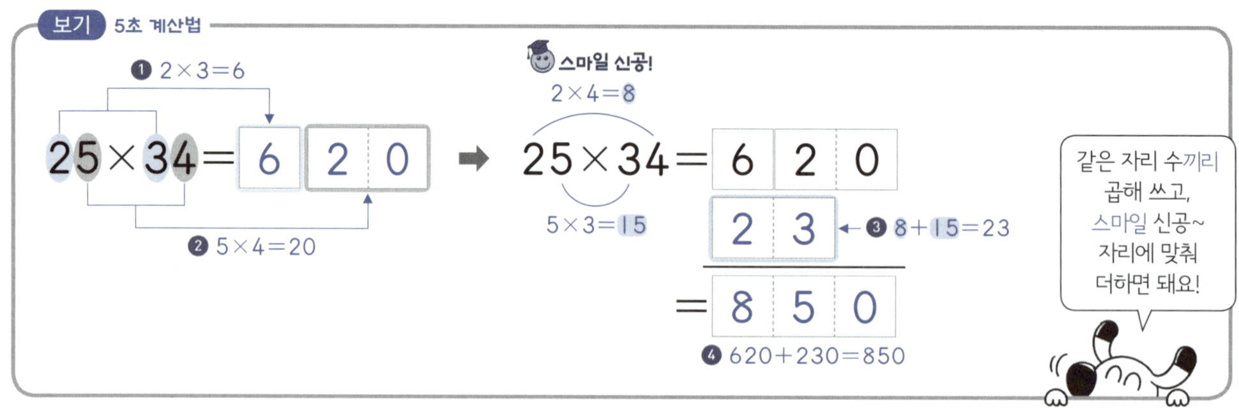

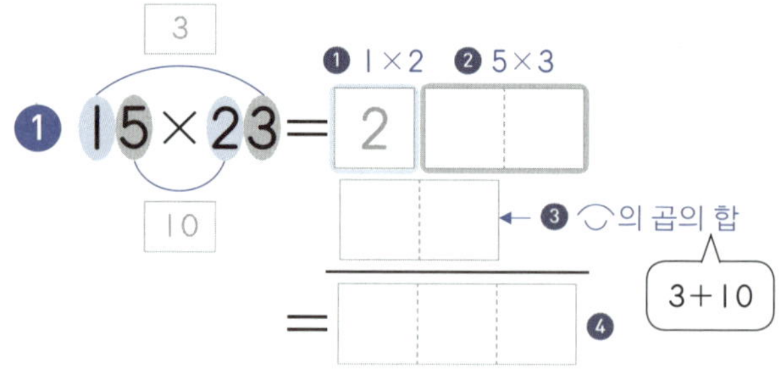

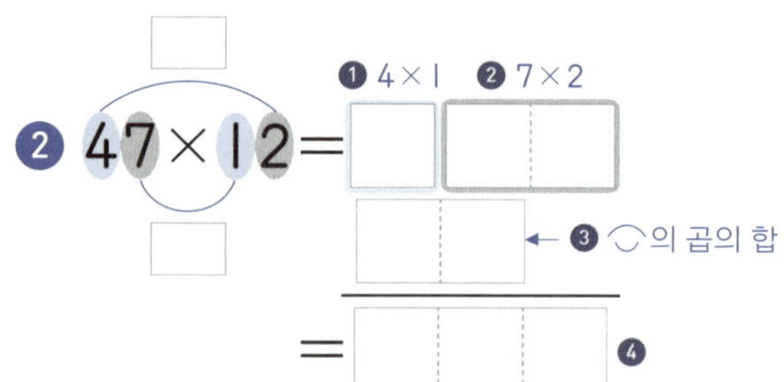

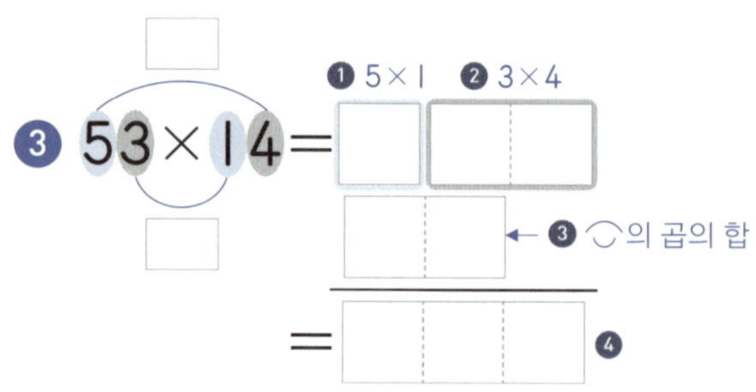

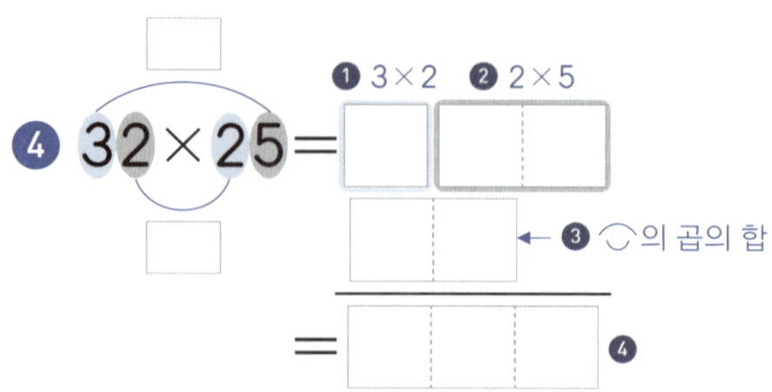

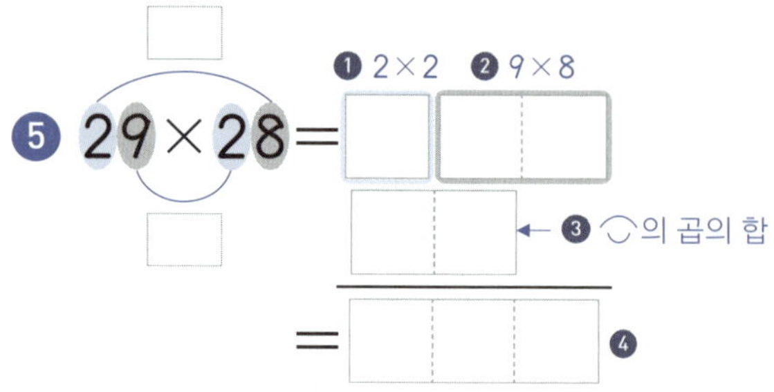

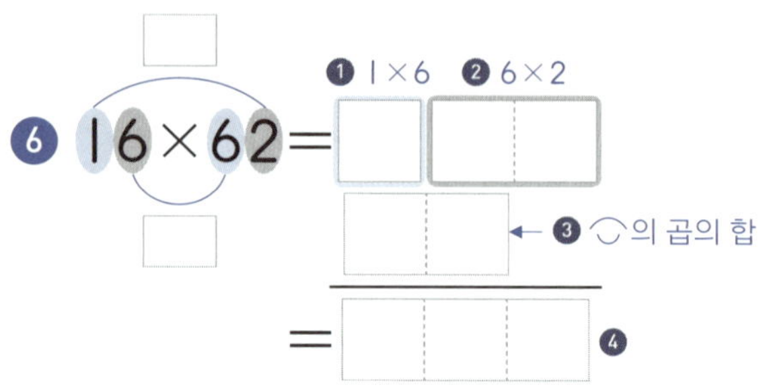

이제 식을 보고 바로 계산이 쉬운 '간단한 두 수의 합'으로 나타내어 푸는 연습을 할 거예요.
5초 만에 답이 나오는 빠른 셈에 도전해 봐요!

🐾 5초 계산법으로 풀어 보세요.

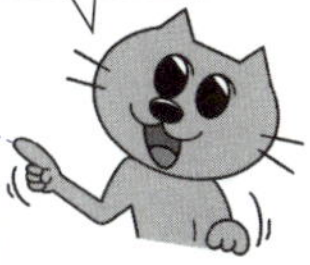

1 $28 \times 12 =$
4
8
❶ 2×1 ❷ 8×2
← ❸ ⌒의 곱의 합
$=$ ❹

2 $14 \times 31 =$ 0

3 $42 \times 13 =$

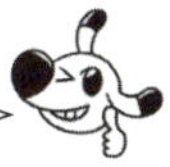

4 $26 \times 23 =$

5 $35 \times 24 =$

6 $17 \times 53 =$

7 $24 \times 41 =$

8 $37 \times 26 =$

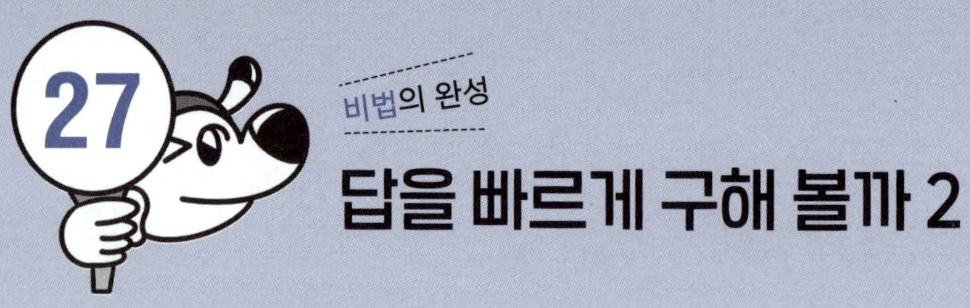

27

답을 빠르게 구해 볼까 2

🐾 5초 계산법으로 풀어 보세요.

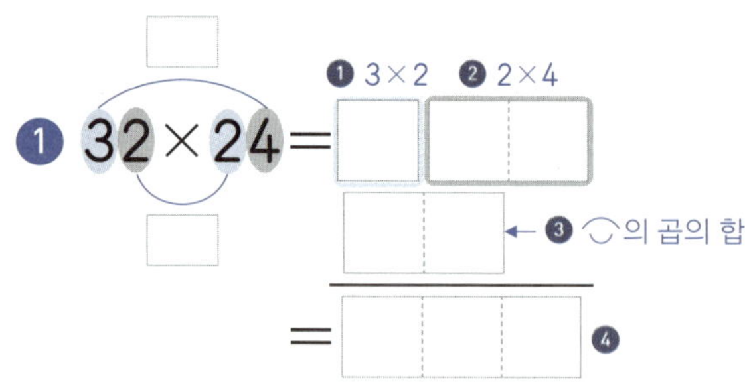

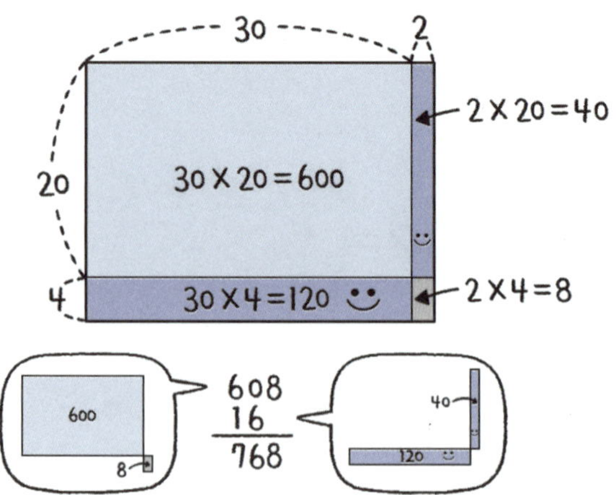

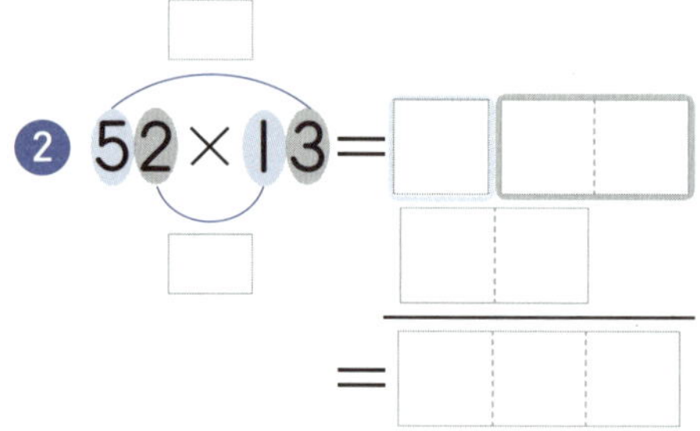

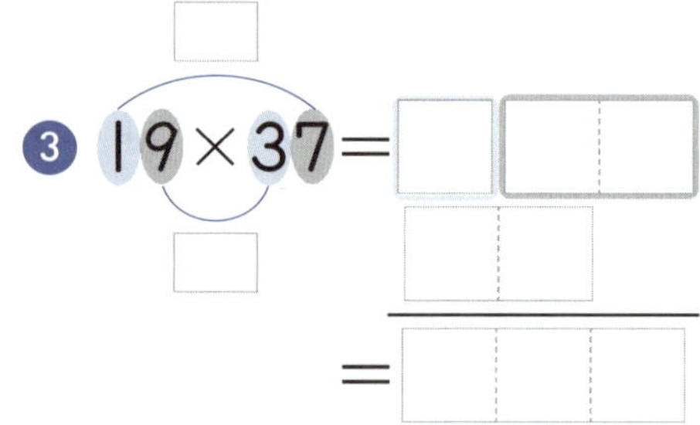

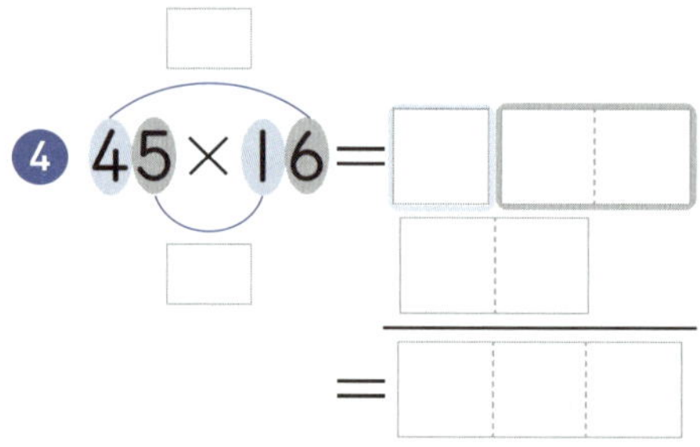

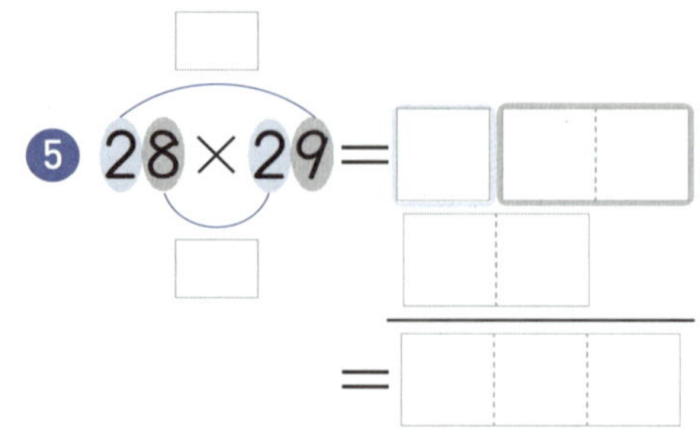

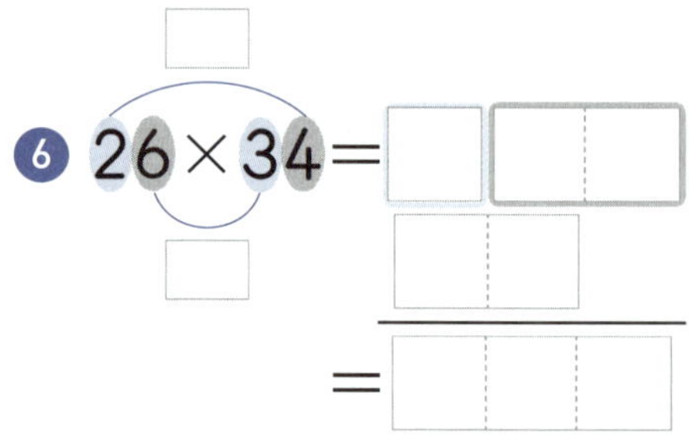

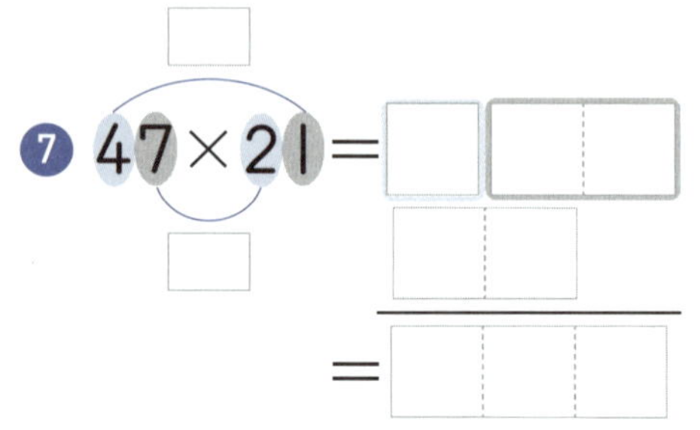

🐾 5초 계산법으로 풀어 보세요.

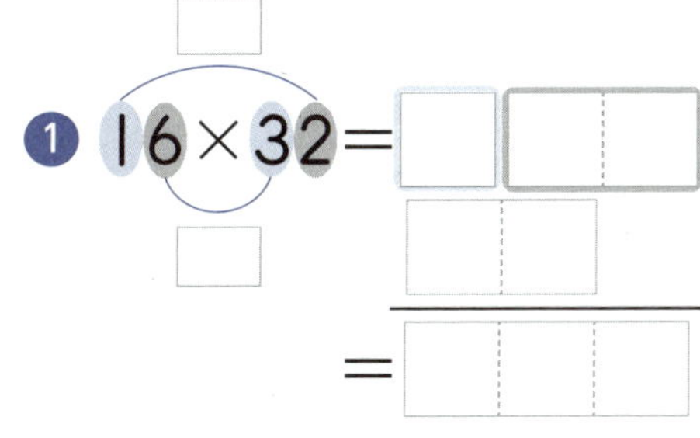

1 $16 \times 32 =$

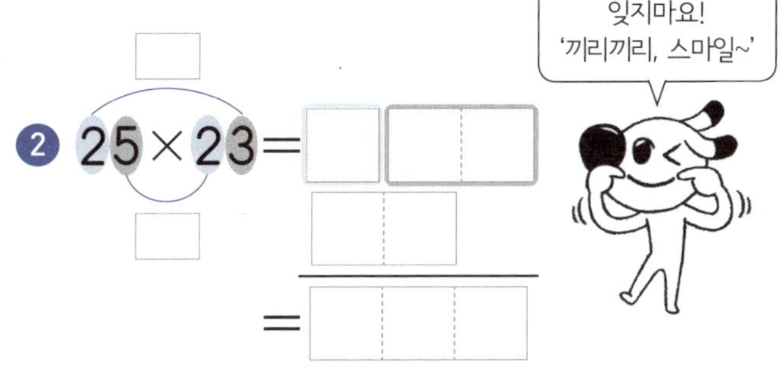

2 $25 \times 23 =$

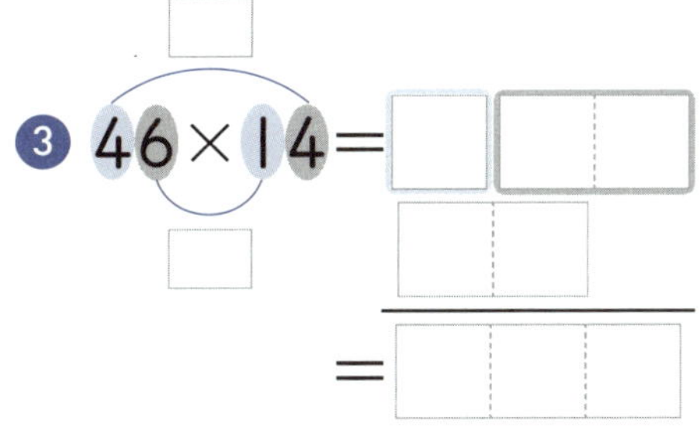

3 $46 \times 14 =$

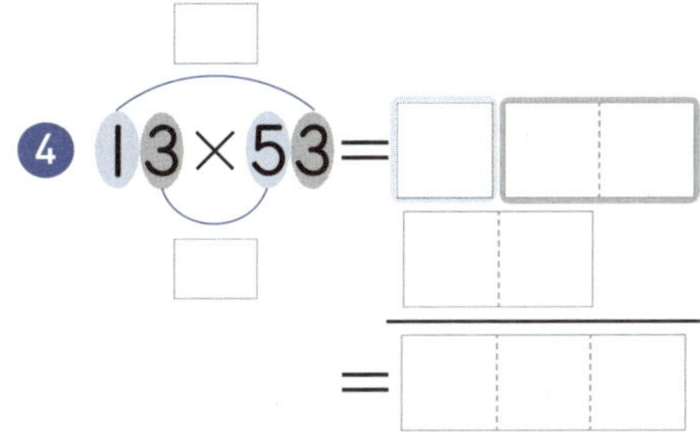

4 $13 \times 53 =$

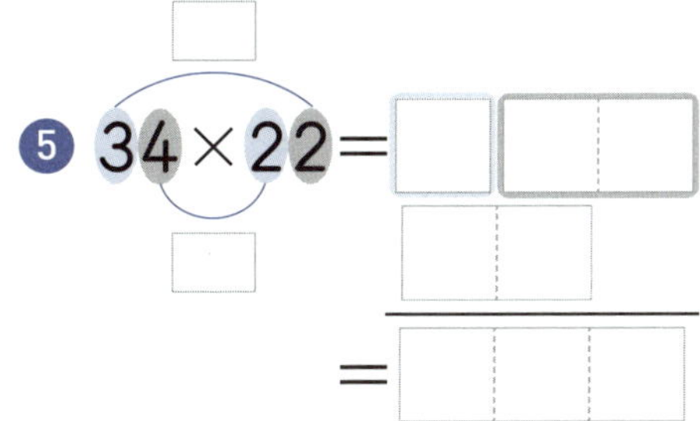

5 $34 \times 22 =$

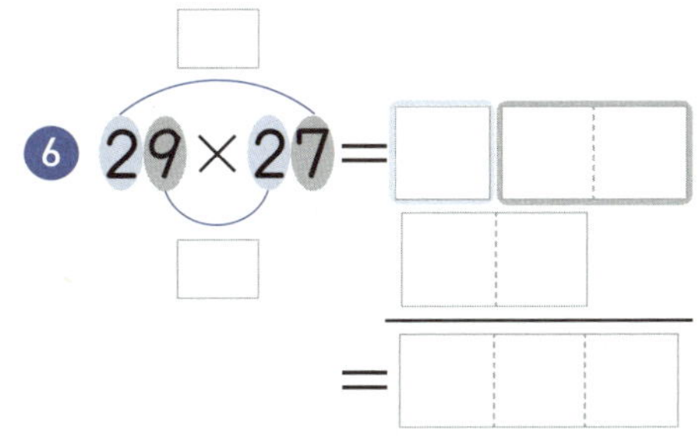

6 $29 \times 27 =$

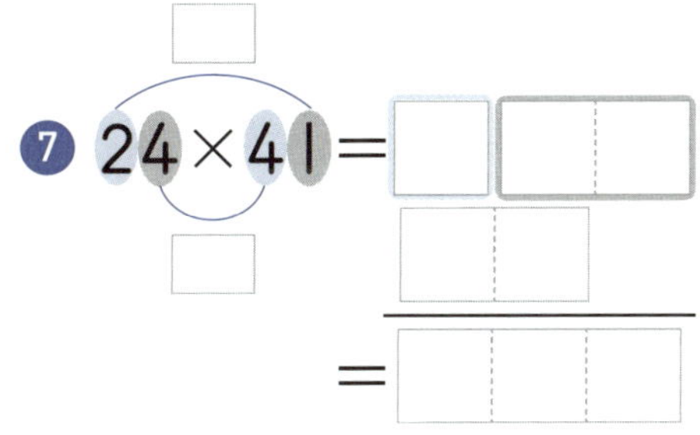

7 $24 \times 41 =$

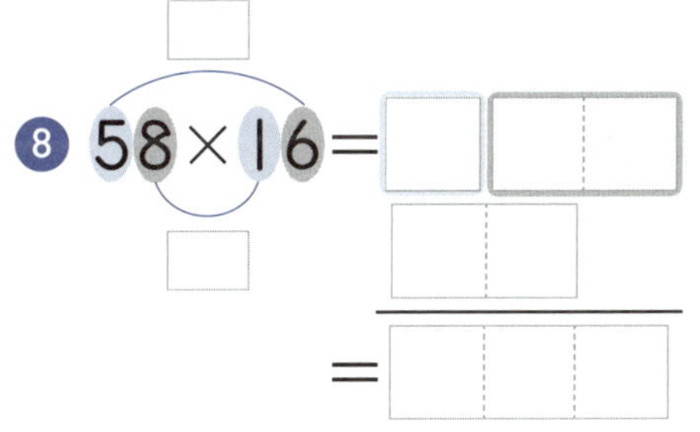

8 $58 \times 16 =$

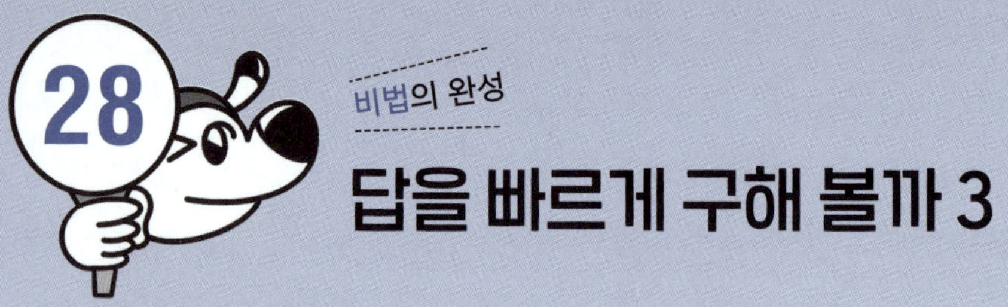

답을 빠르게 구해 볼까 3

🐾 5초 계산법으로 풀어 보세요.

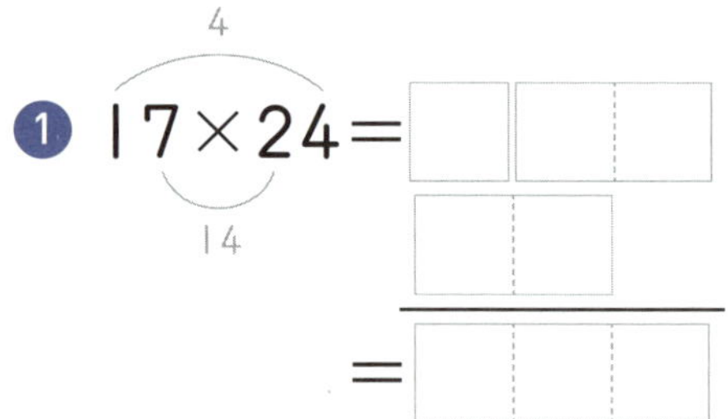

❶ $17 \times 24 =$

❷ $52 \times 13 =$

❸ $15 \times 46 =$

❹ $29 \times 27 =$

❺ $22 \times 39 =$

❻ $32 \times 28 =$

❼ $41 \times 23 =$

❽ $28 \times 34 =$

🐾 5초 계산법으로 풀어 보세요.

1 42 × 15 =

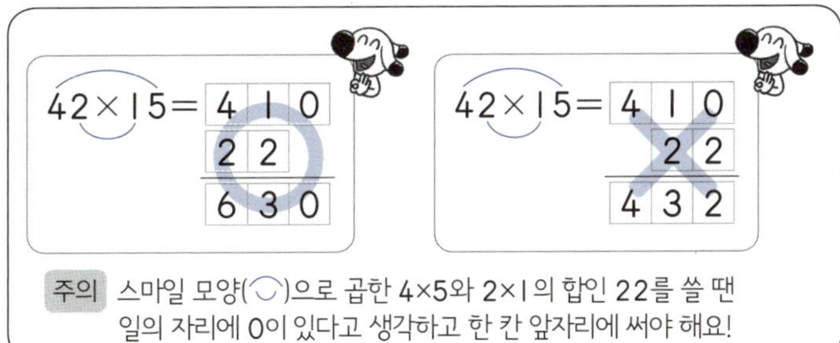

주의 스마일 모양(◡)으로 곱한 4×5와 2×1의 합인 22를 쓸 땐
일의 자리에 0이 있다고 생각하고 한 칸 앞자리에 써야 해요!

2 21 × 36 =

3 17 × 38 =

4 29 × 28 =

5 37 × 23 =

6 22 × 45 =

7 52 × 19 =

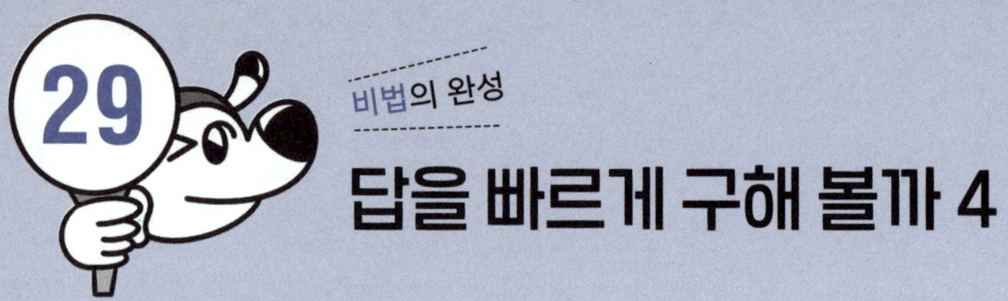

답을 빠르게 구해 볼까 4

🐾 5초 계산법으로 풀어 보세요.

❶ 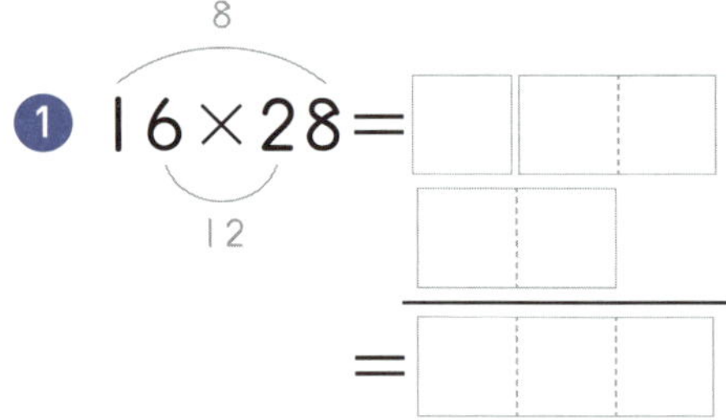
$16 \times 28 =$

❷ $37 \times 18 =$

❸ $13 \times 53 =$

❹ $43 \times 17 =$

❺ $24 \times 32 =$

❻ $29 \times 29 =$

❼ $16 \times 61 =$

❽ $35 \times 26 =$

🐾 5초 계산법으로 풀어 보세요.

① $34 \times 15 =$

② $23 \times 27 =$

③ $12 \times 61 =$

④ $24 \times 33 =$

⑤ $19 \times 46 =$

⑥ $55 \times 17 =$

⑦ $23 \times 42 =$

⑧ $34 \times 29 =$

곱이 커도 구하는 방법은 같아 1

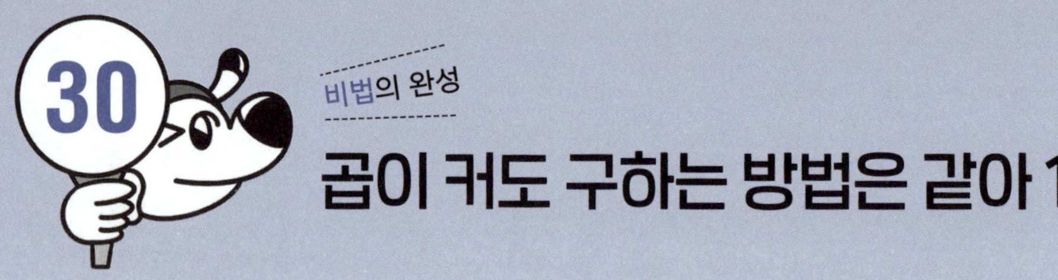

보기 와 같이 5초 계산법으로 풀어 보세요.

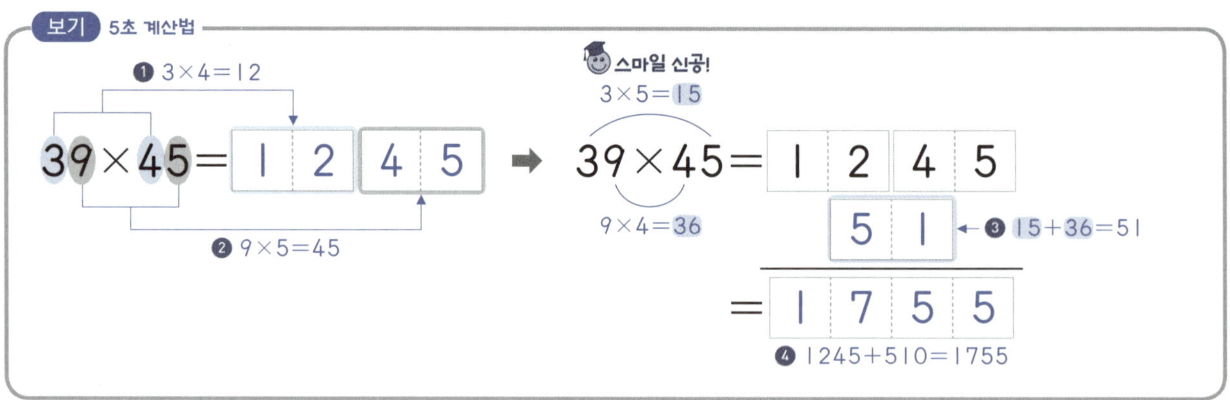

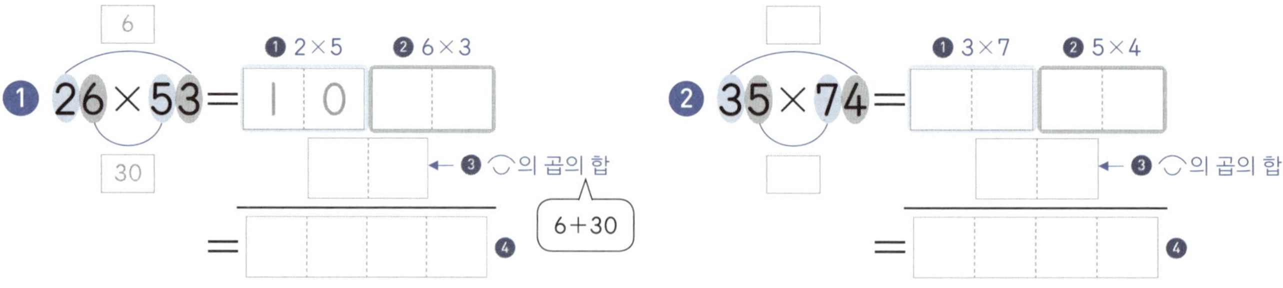

5초 계산법으로 풀어 보세요.

1 $24 \times 62 =$ ❶ 2×6 ❷ 4×2
4
24
← ❸ ◝◟의 곱의 합
$=$ ❹

2 $53 \times 34 =$
(같은 자리 수) 끼리끼리
스마일~
$=$

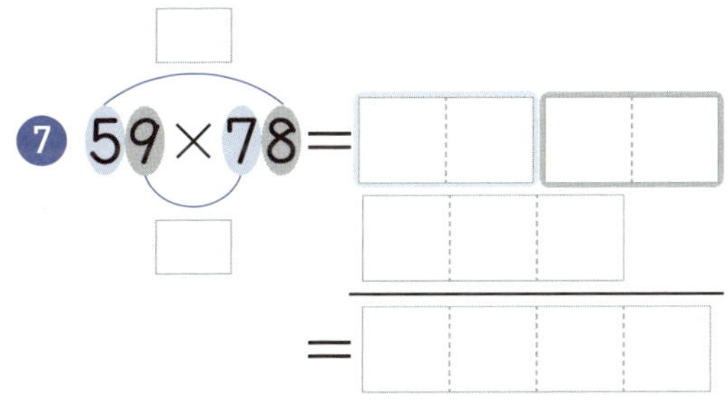

3 $48 \times 46 =$
$=$

4 $68 \times 35 =$
$=$

5 $45 \times 87 =$
$=$

6 $79 \times 64 =$
$=$

7 $59 \times 78 =$
$=$

8 $89 \times 67 =$
$=$

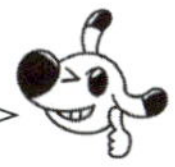

곱이 커도 구하는 방법은 같아 2

🐾 5초 계산법으로 풀어 보세요.

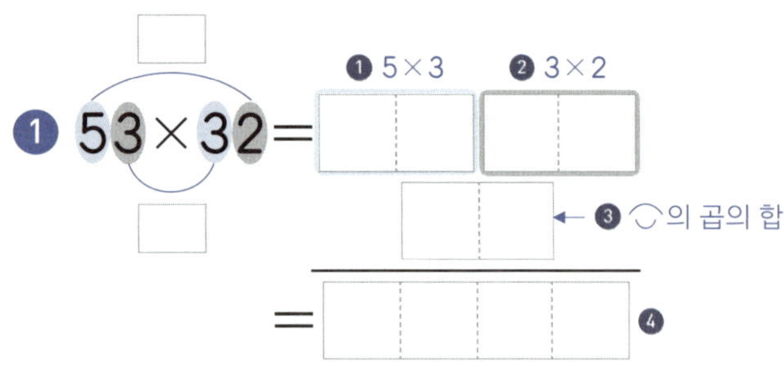

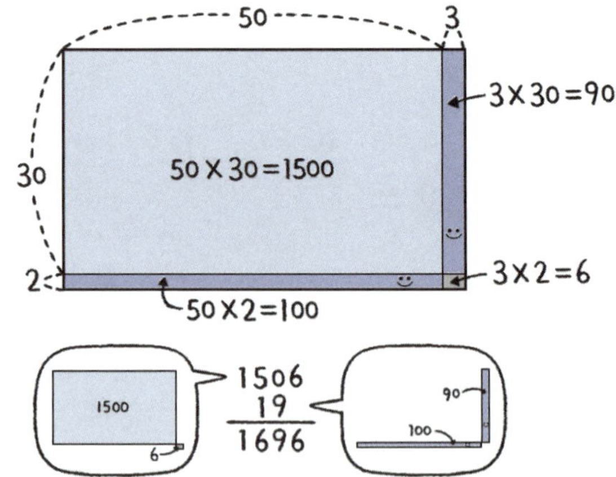

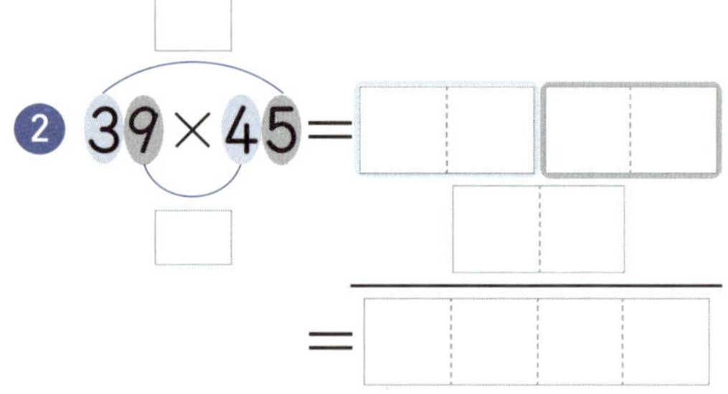

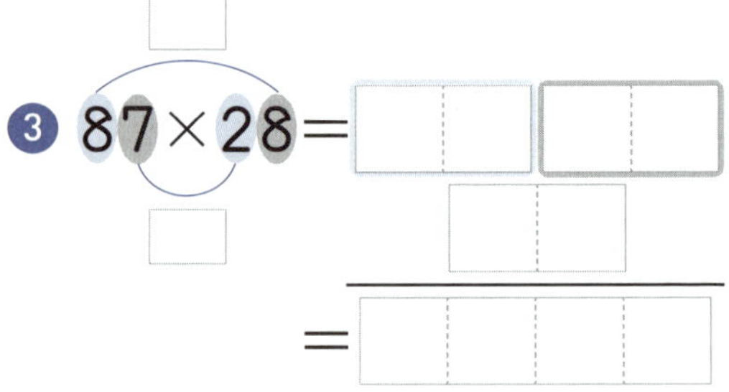

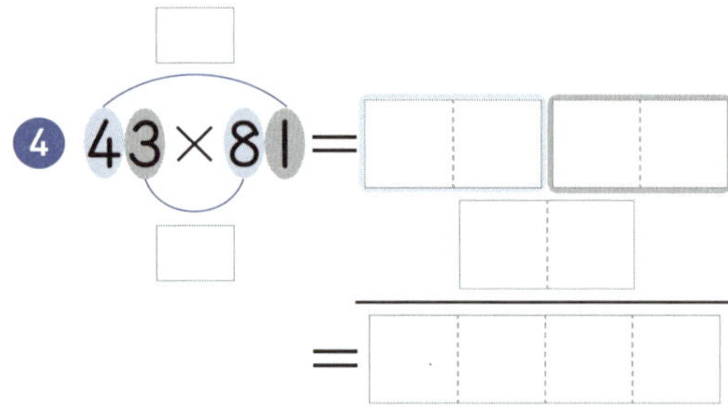

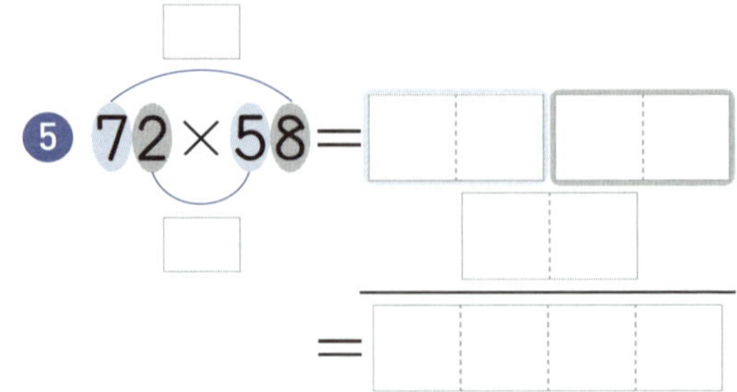

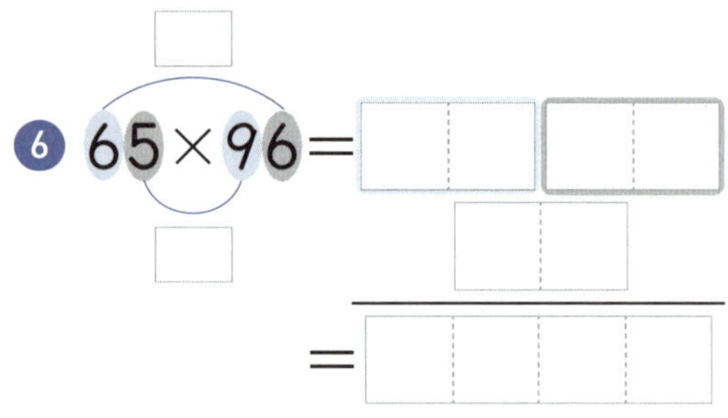

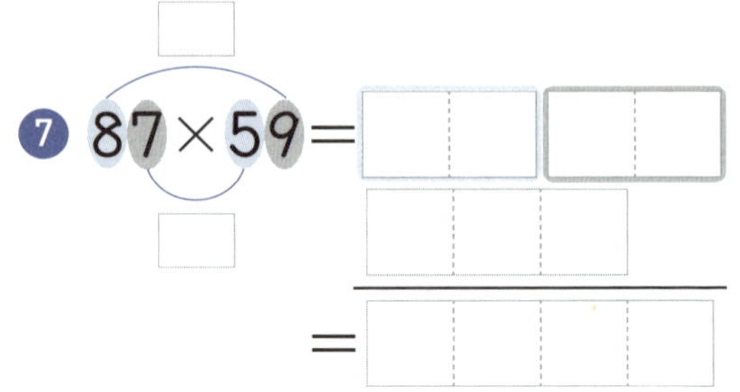

🐾 5초 계산법으로 풀어 보세요.

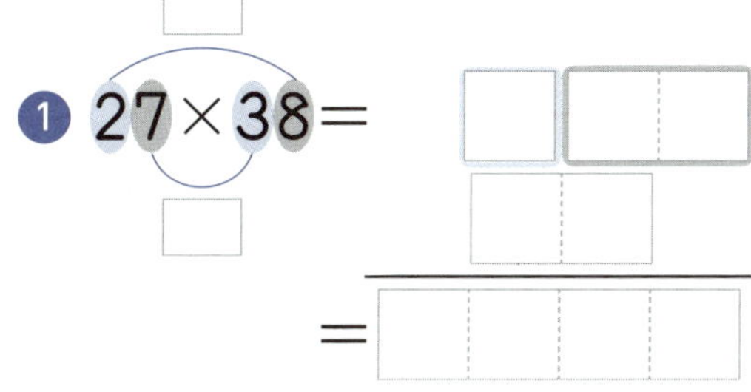

❶ $27 \times 38 =$

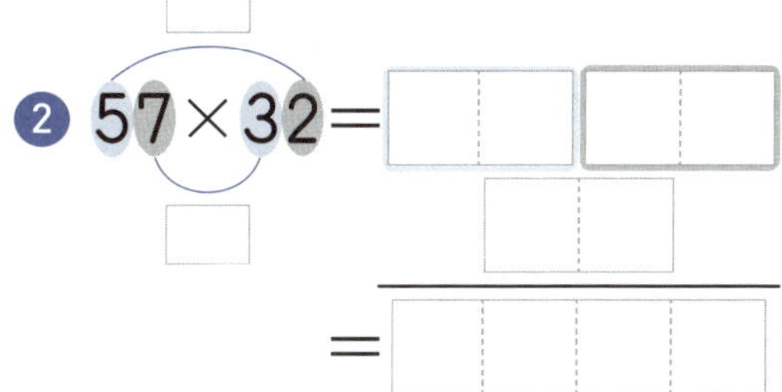

❷ $57 \times 32 =$

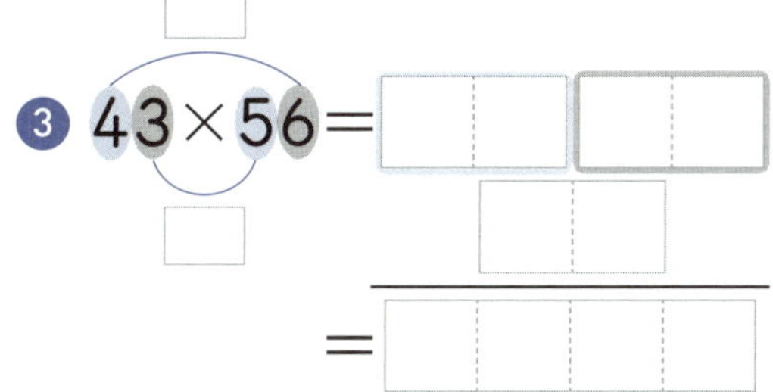

❸ $43 \times 56 =$

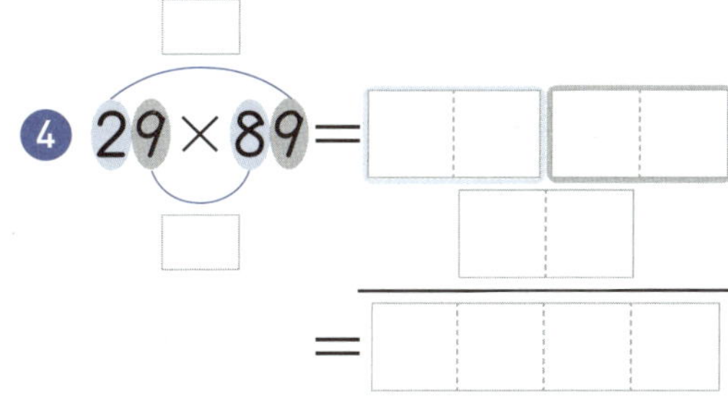

❹ $29 \times 89 =$

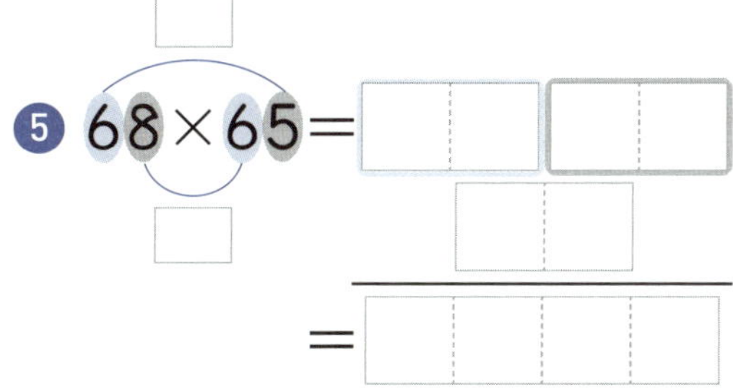

❺ $68 \times 65 =$

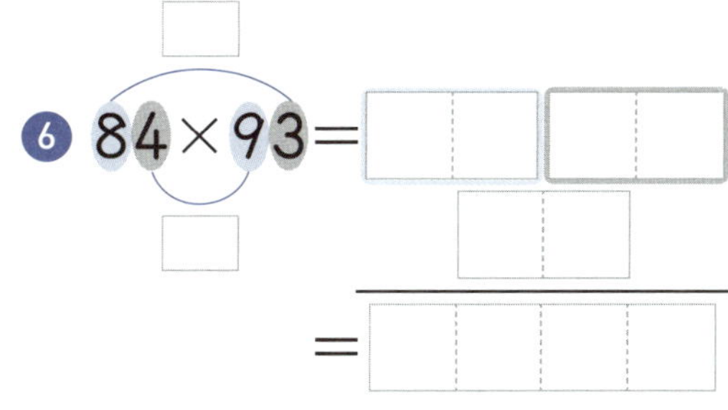

❻ $84 \times 93 =$

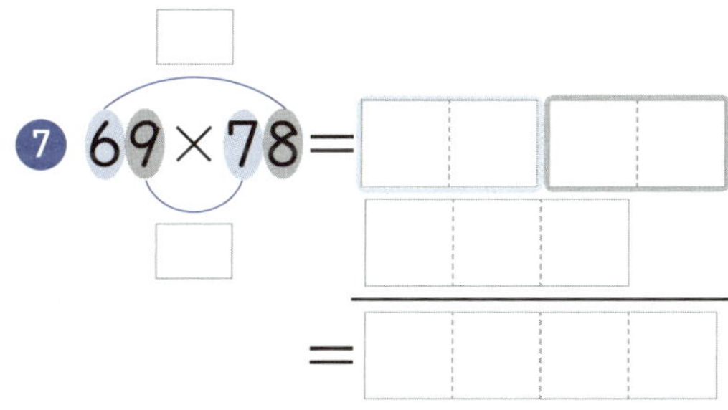

❼ $69 \times 78 =$

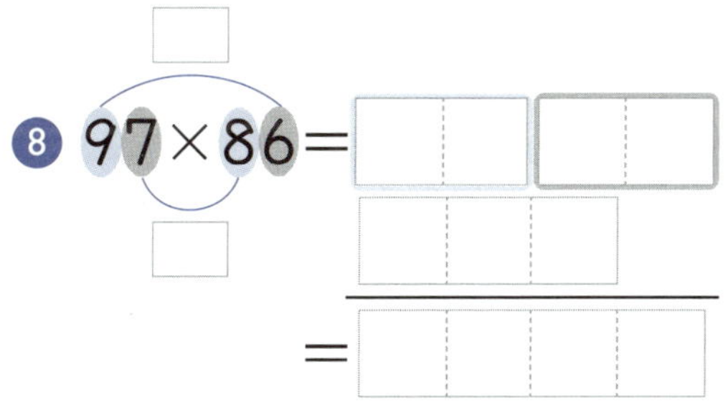

❽ $97 \times 86 =$

비법의 완성

곱이 커도 구하는 방법은 같아 3

🐾 5초 계산법으로 풀어 보세요.

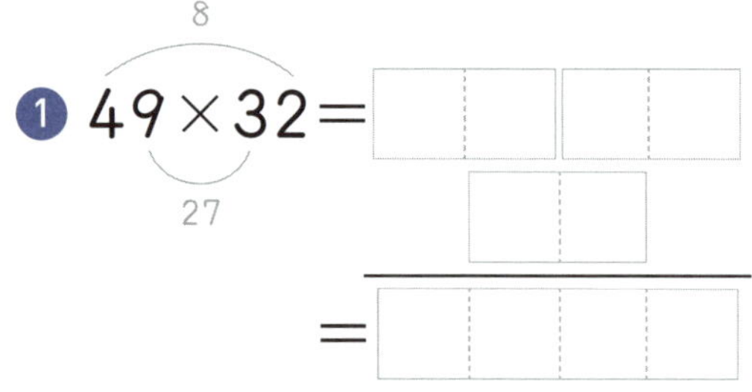

① $49 \times 32 =$

② $21 \times 83 =$

③ $65 \times 34 =$

④ $57 \times 59 =$

⑤ $43 \times 97 =$

⑥ $92 \times 56 =$

⑦ $66 \times 99 =$

⑧ $79 \times 88 =$

🐾 5초 계산법으로 풀어 보세요.

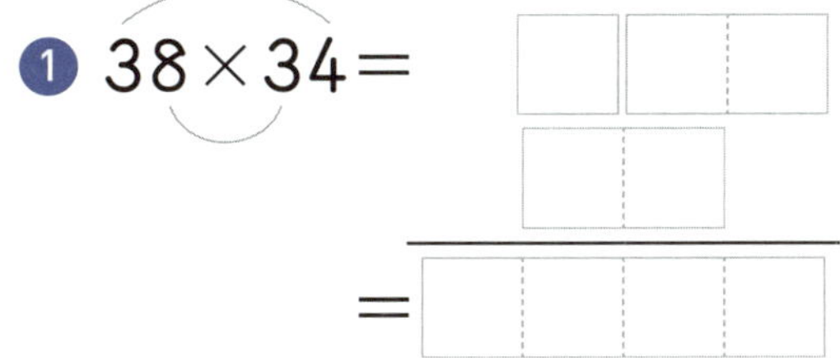

1 $38 \times 34 =$

2 $23 \times 67 =$

3 $46 \times 58 =$

4 $75 \times 49 =$

5 $57 \times 86 =$

6 $82 \times 74 =$

7 $68 \times 98 =$

8 $96 \times 87 =$

곱이 커도 구하는 방법은 같아 4

🐾 5초 계산법으로 풀어 보세요.

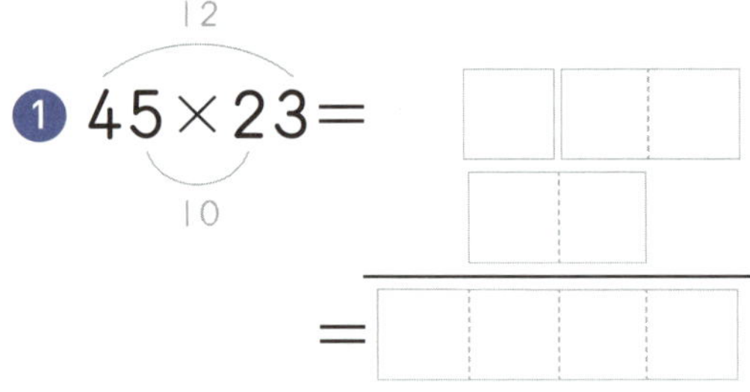

① $45 \times 23 =$

② $36 \times 47 =$

③ $53 \times 39 =$

④ $37 \times 92 =$

⑤ $75 \times 62 =$

⑥ $65 \times 96 =$

⑦ $86 \times 87 =$

⑧ $95 \times 98 =$

🐾 5초 계산법으로 풀어 보세요.

① $74 \times 25 =$

② $52 \times 53 =$

③ $43 \times 67 =$

④ $92 \times 36 =$

⑤ $64 \times 68 =$

⑥ $88 \times 73 =$

⑦ $79 \times 97 =$

⑧ $98 \times 89 =$

세로셈은 크로스 모양으로 빠르게 1

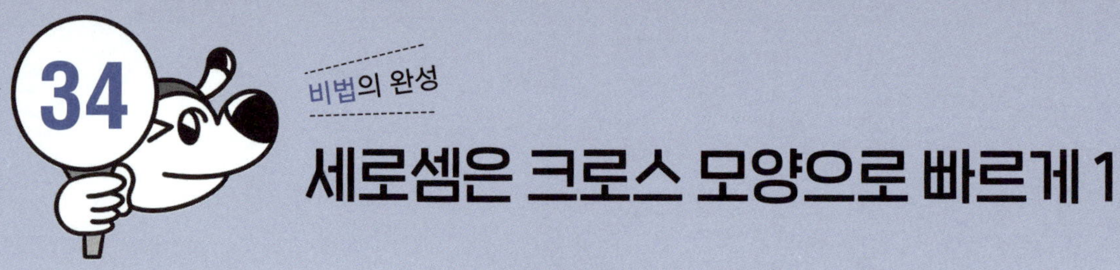

🐾 보기 와 같이 5초 계산법으로 풀어 보세요.

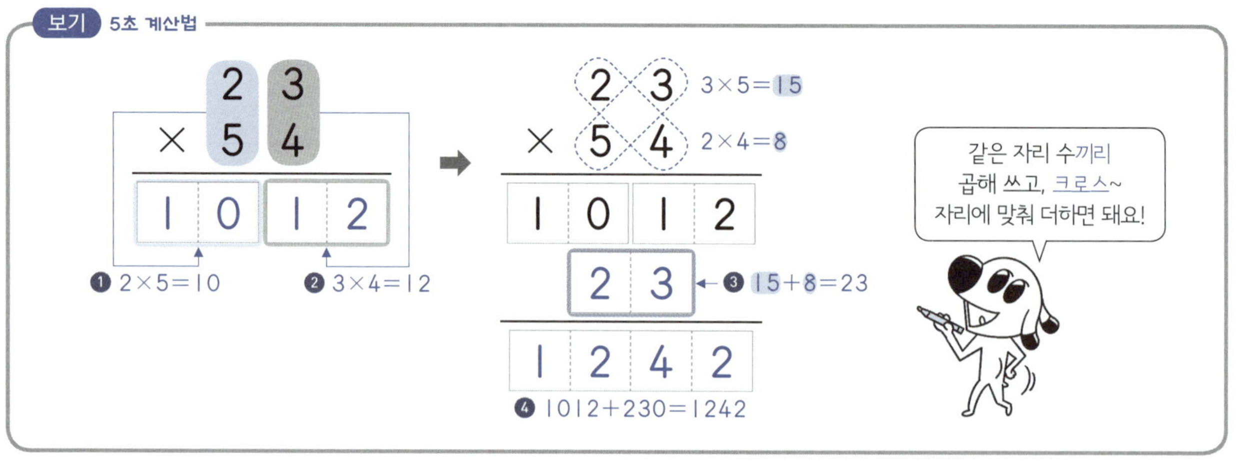

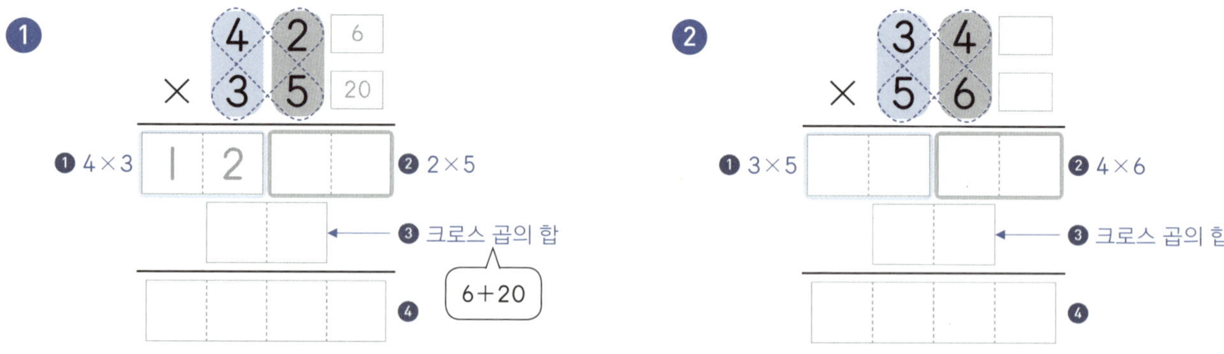

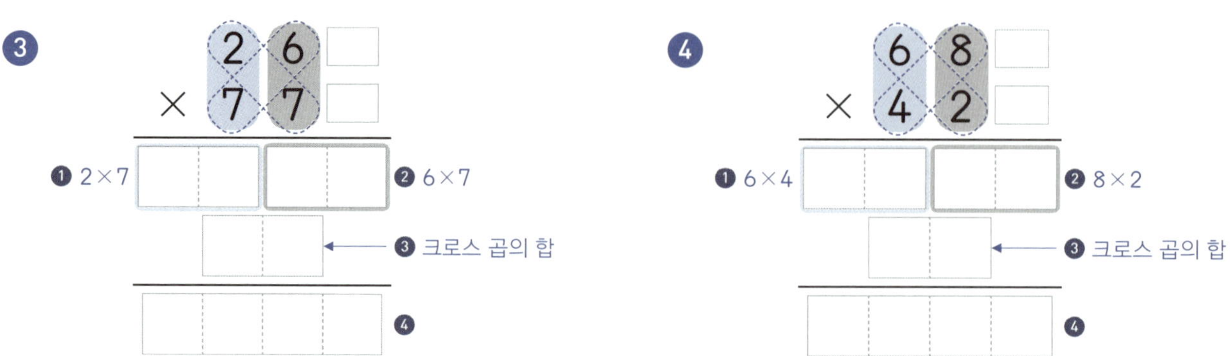

🐾 5초 계산법으로 풀어 보세요.

1 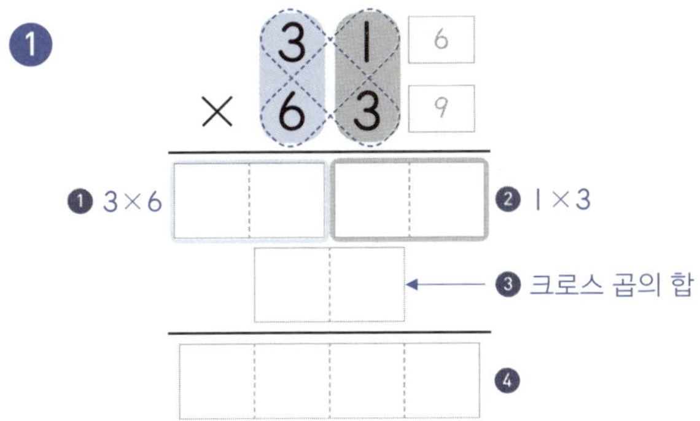

❶ 3×6   ❷ 1×3

❸ 크로스 곱의 합

❹

2 

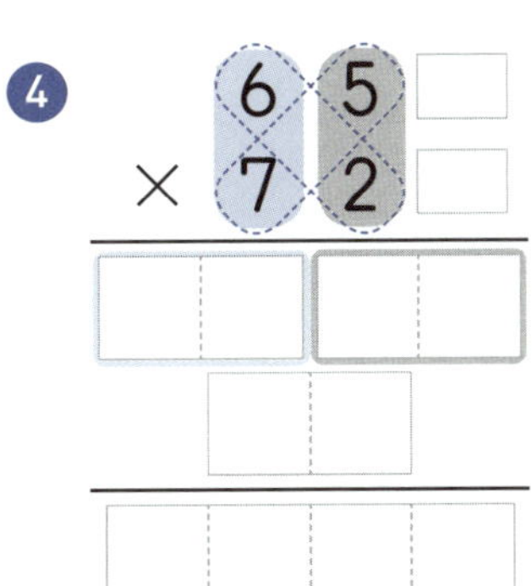

3

$$\begin{array}{r} 7\ 3 \\ \times\ 3\ 4 \end{array}$$

4

$$\begin{array}{r} 6\ 5 \\ \times\ 7\ 2 \end{array}$$

5

$$\begin{array}{r} 6\ 9 \\ \times\ 9\ 1 \end{array}$$

6

$$\begin{array}{r} 7\ 6 \\ \times\ 8\ 7 \end{array}$$

세로셈은 크로스 모양으로 빠르게 2

🐾 5초 계산법으로 풀어 보세요.

1

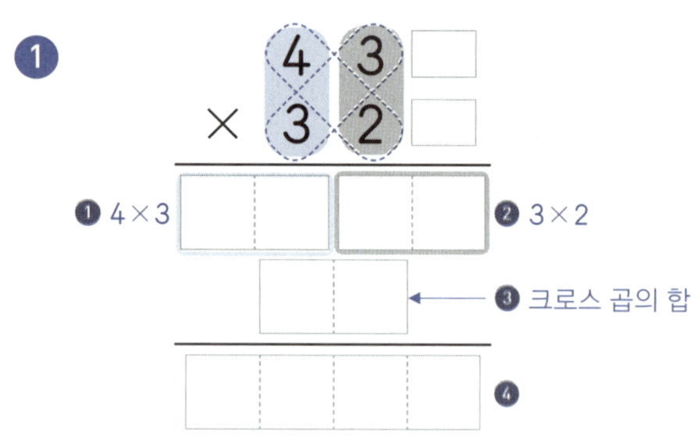

❶ 4×3 ❷ 3×2

❸ 크로스 곱의 합

❹

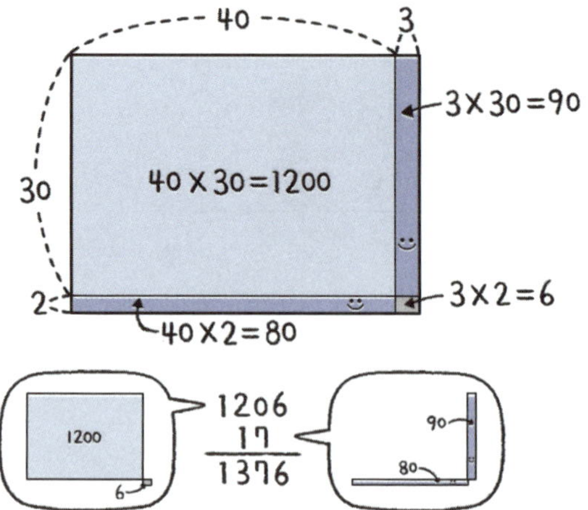

2

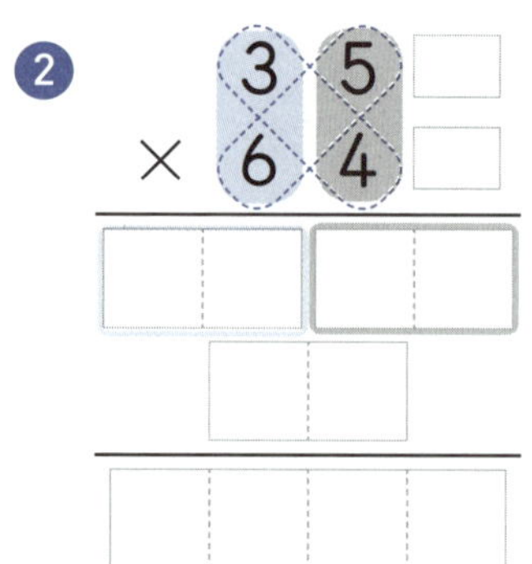

3

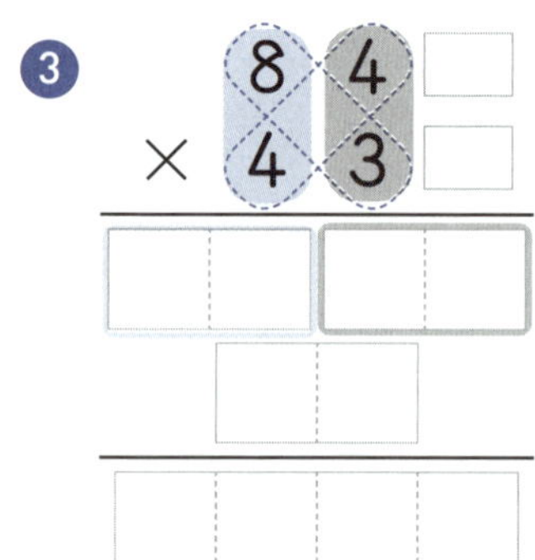

4

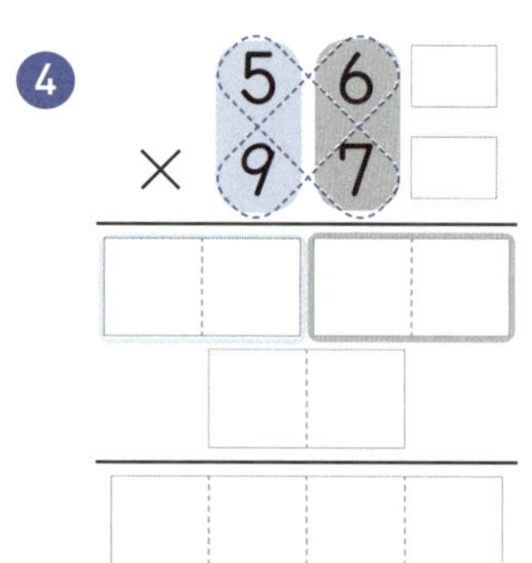

5

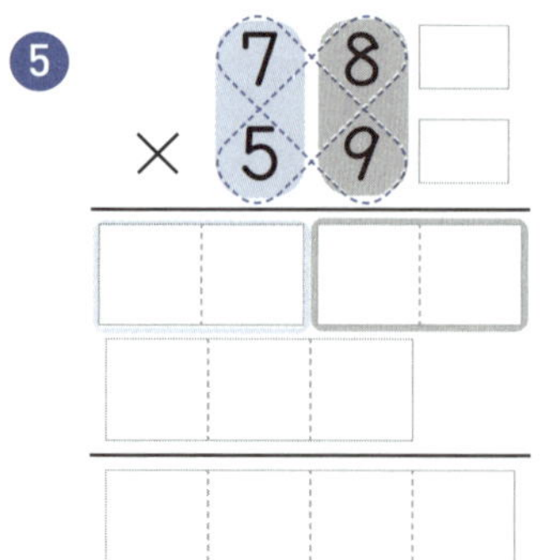

🐾 5초 계산법으로 풀어 보세요.

1 2 8 × 5 4

2 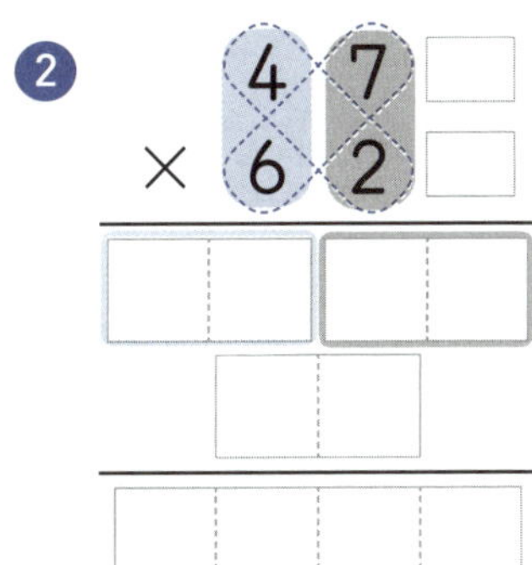 4 7 × 6 2

3 9 5 × 3 6

4 6 3 × 7 1

5 8 5 × 7 9

6 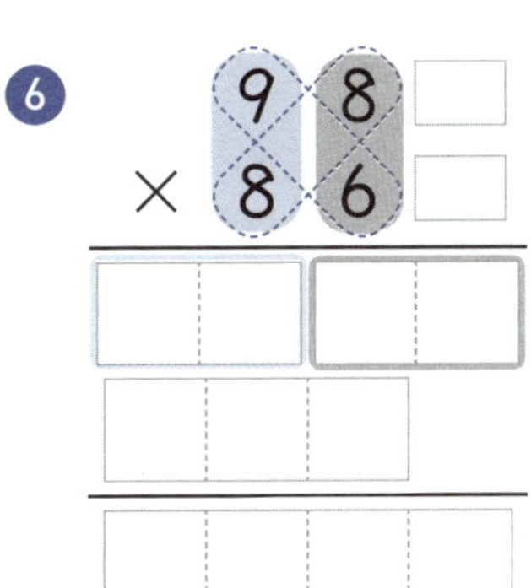 9 8 × 8 6

세로셈은 크로스 모양으로 빠르게 3

🐾 5초 계산법으로 풀어 보세요.

1

$$\begin{array}{r} 3\ 7 \\ \times\ 4\ 2 \end{array}$$

28
6

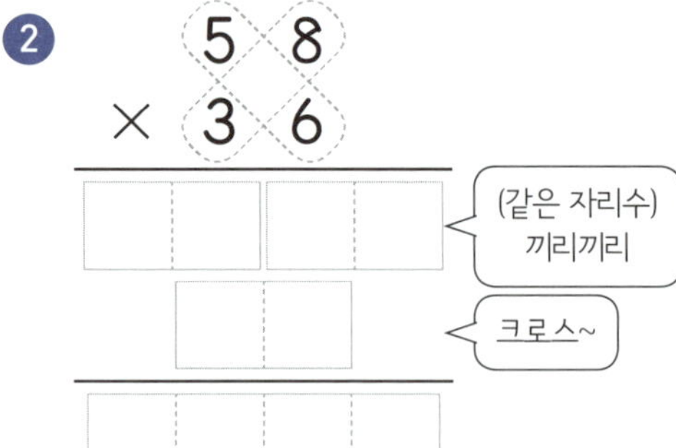

2

$$\begin{array}{r} 5\ 8 \\ \times\ 3\ 6 \end{array}$$

3

$$\begin{array}{r} 6\ 2 \\ \times\ 5\ 9 \end{array}$$

4

$$\begin{array}{r} 4\ 6 \\ \times\ 9\ 8 \end{array}$$

5

$$\begin{array}{r} 7\ 8 \\ \times\ 7\ 3 \end{array}$$

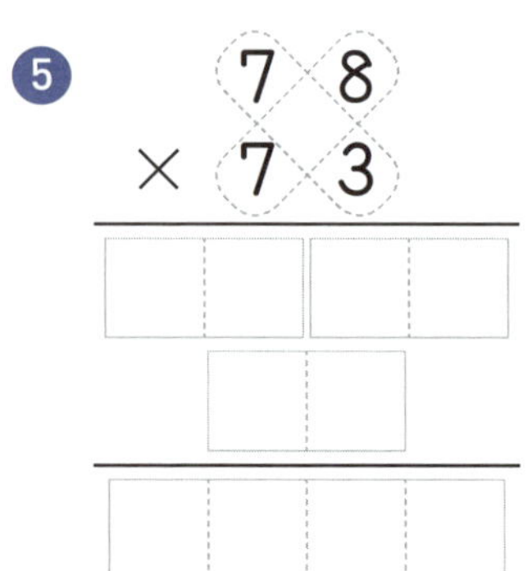

6

$$\begin{array}{r} 8\ 9 \\ \times\ 6\ 7 \end{array}$$

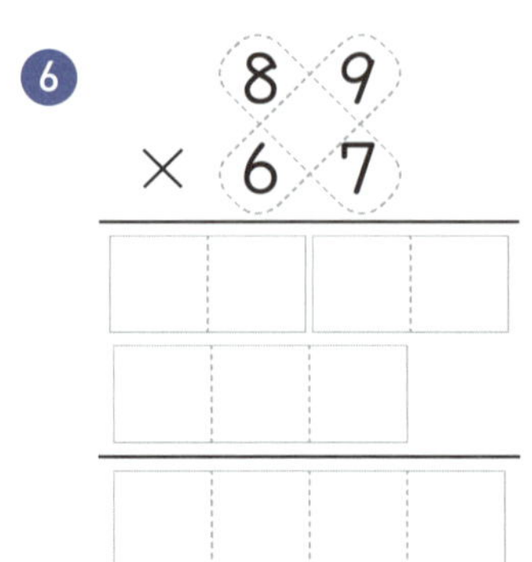

🐾 5초 계산법으로 풀어 보세요.

①
$$
\begin{array}{r}
4\ 7 \\
\times\ 2\ 5 \\
\hline
\end{array}
$$

②
$$
\begin{array}{r}
3\ 5 \\
\times\ 6\ 3 \\
\hline
\end{array}
$$

③
$$
\begin{array}{r}
5\ 6 \\
\times\ 5\ 9 \\
\hline
\end{array}
$$

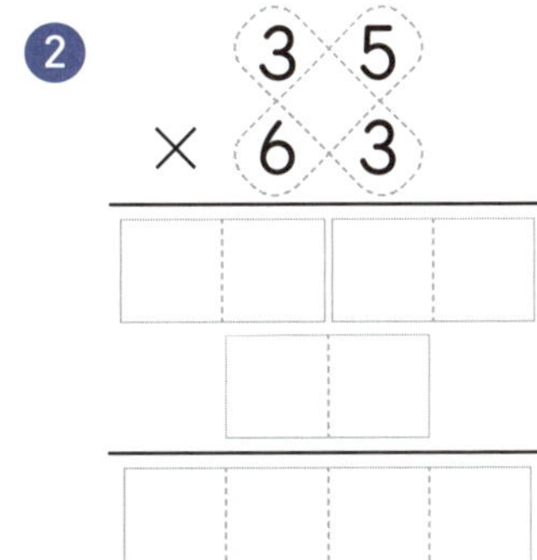

④
$$
\begin{array}{r}
8\ 8 \\
\times\ 4\ 7 \\
\hline
\end{array}
$$

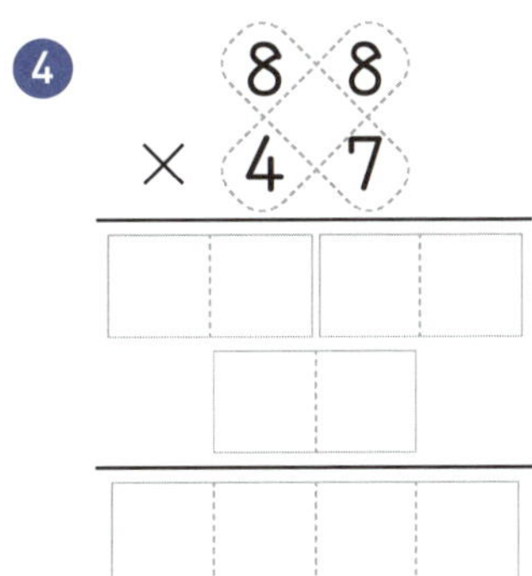

⑤
$$
\begin{array}{r}
7\ 5 \\
\times\ 9\ 9 \\
\hline
\end{array}
$$

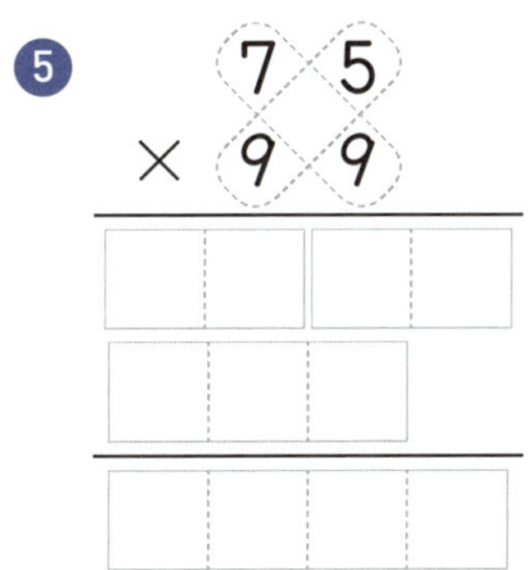

⑥
$$
\begin{array}{r}
9\ 7 \\
\times\ 8\ 6 \\
\hline
\end{array}
$$

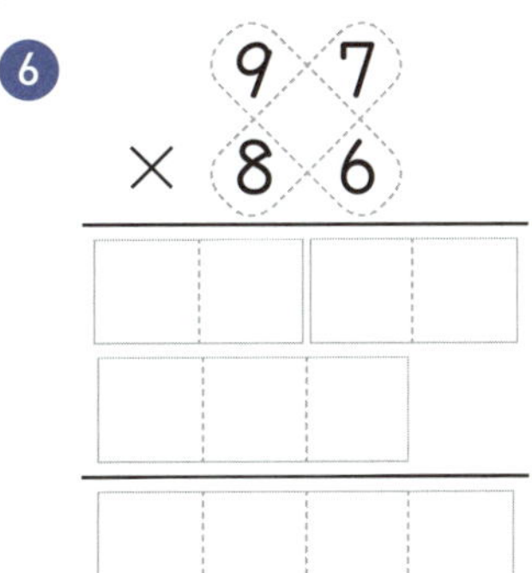

세로셈은 크로스 모양으로 빠르게 4

 5초 계산법으로 풀어 보세요.

①
```
      3 2
  ×   3 5
```

②
```
      7 8
  ×   2 6
```

③
```
      5 9
  ×   6 4
```

④
```
      8 7
  ×   4 8
```

⑤
```
      6 8
  ×   9 7
```

⑥
```
      9 9
  ×   8 6
```

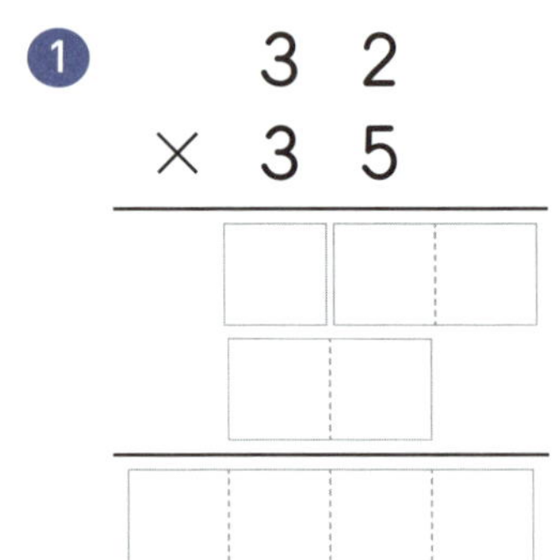
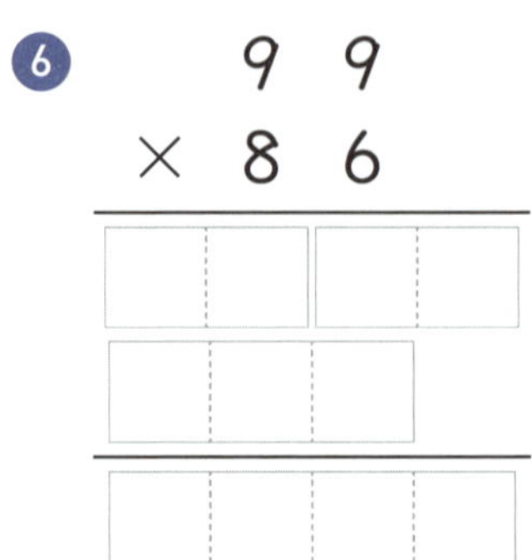

어려운 게 아니라 차근차근 익숙해지는 거예요.
빠른 셈의 원리를 알고 이용하면 사고력도 쑥쑥 커질 거예요.

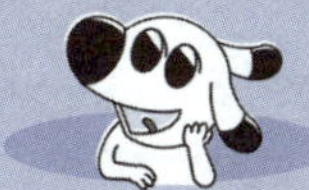

5초 계산법으로 풀어 보세요.

❶
$$\begin{array}{r} 28 \\ \times\ 62 \\ \hline \end{array}$$

❷
$$\begin{array}{r} 67 \\ \times\ 48 \\ \hline \end{array}$$

❸
$$\begin{array}{r} 56 \\ \times\ 87 \\ \hline \end{array}$$

❹
$$\begin{array}{r} 93 \\ \times\ 59 \\ \hline \end{array}$$

❺
$$\begin{array}{r} 89 \\ \times\ 79 \\ \hline \end{array}$$

❻
$$\begin{array}{r} 78 \\ \times\ 98 \\ \hline \end{array}$$

답이 바로 나오는 99단 5초 계산법 1

🐾 5초 계산법으로 풀어 보세요.

① $17 \times 42 =$

② $35 \times 24 =$

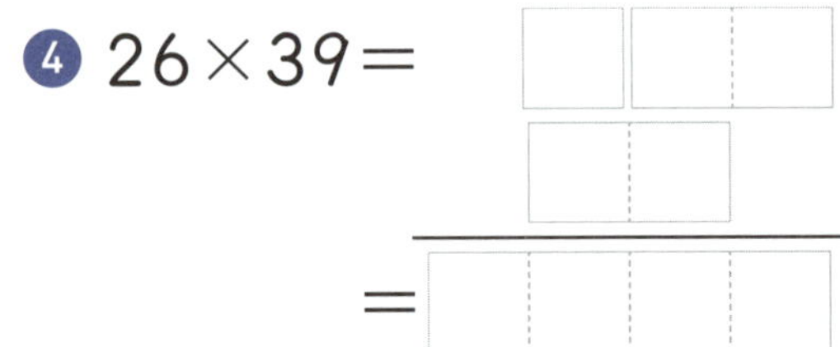

③ $53 \times 18 =$

④ $26 \times 39 =$

⑤ $61 \times 46 =$

⑥ $29 \times 73 =$

⑦ $59 \times 82 =$

⑧ $99 \times 67 =$

99단의 가로셈과 세로셈을 다시 풀면서 비법을 완성해 봐요.
가로셈일 땐 '스마일 모양', 세로셈일 땐 '크로스 모양'을 떠올리면 돼요!

🐾 5초 계산법으로 풀어 보세요.

1
$$\begin{array}{r} 2\ 3 \\ \times\ 4\ 7 \\ \hline \end{array}$$

2
$$\begin{array}{r} 6\ 7 \\ \times\ 3\ 5 \\ \hline \end{array}$$

3
$$\begin{array}{r} 5\ 8 \\ \times\ 6\ 8 \\ \hline \end{array}$$

4
$$\begin{array}{r} 7\ 2 \\ \times\ 8\ 6 \\ \hline \end{array}$$

5
$$\begin{array}{r} 8\ 9 \\ \times\ 6\ 6 \\ \hline \end{array}$$

6
$$\begin{array}{r} 8\ 5 \\ \times\ 9\ 7 \\ \hline \end{array}$$

답이 바로 나오는 99단 5초 계산법 2

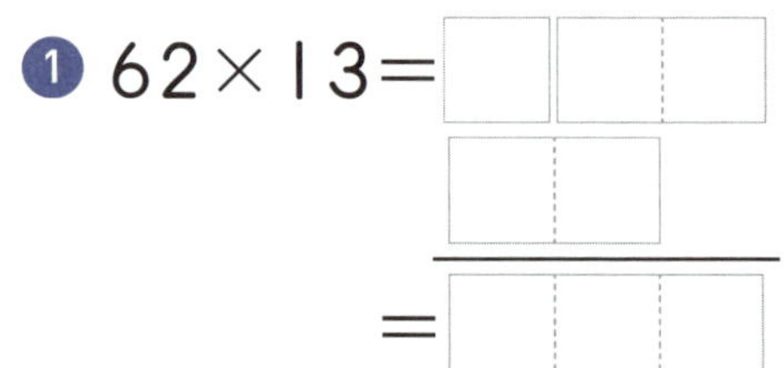
5초 계산법으로 풀어 보세요.

① $62 \times 13 =$

② $26 \times 38 =$

③ $45 \times 22 =$

④ $18 \times 74 =$

⑤ $53 \times 36 =$

⑥ $47 \times 68 =$

⑦ $69 \times 75 =$

⑧ $96 \times 87 =$

🐾 5초 계산법으로 풀어 보세요.

①

```
    3 6
×   3 4
───────
```

②

```
    4 9
×   5 7
───────
```

③

```
    5 7
×   6 8
───────
```

④

```
    8 2
×   7 6
───────
```

⑤

```
    7 9
×   8 9
───────
```

⑥

```
    9 8
×   9 7
───────
```

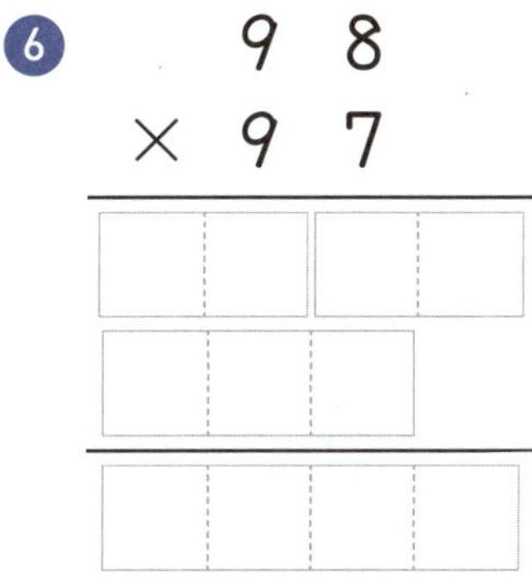

한눈에 정리하는 99단 곱셈 비법

★ 십의 자리 수가 같고, 일의 자리 수의 합이 10인 경우

- 가로 늘리기 신공

$$32 \times 38 = 1216$$

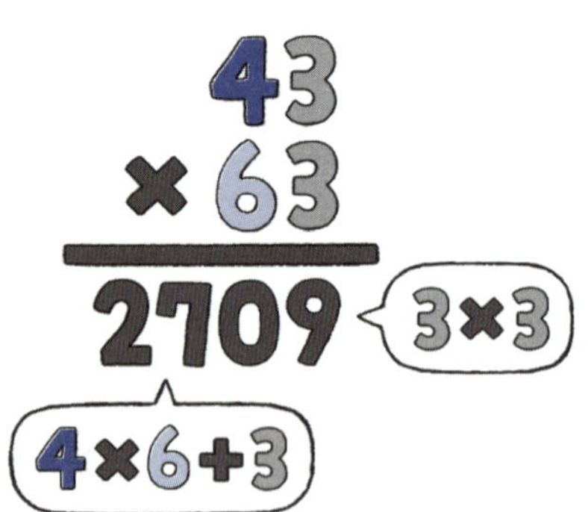

★ 십의 자리 수의 합이 10이고, 일의 자리 수가 같은 경우

- 세로 늘리기 신공

$$43 \times 63 = 2709$$

★ 모든 99단 곱셈

- 끼리끼리, 스마일

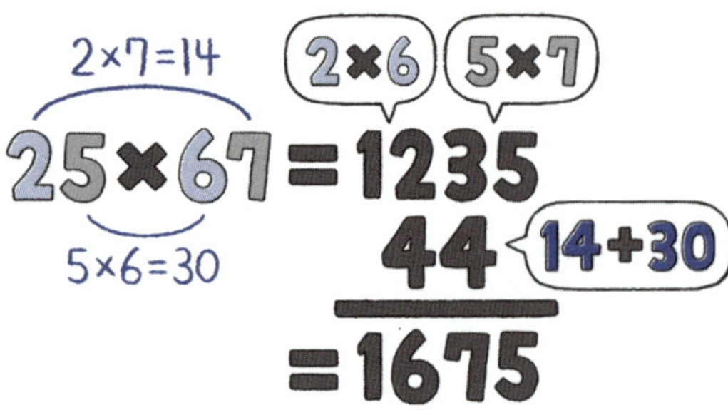

- 끼리끼리, 크로스

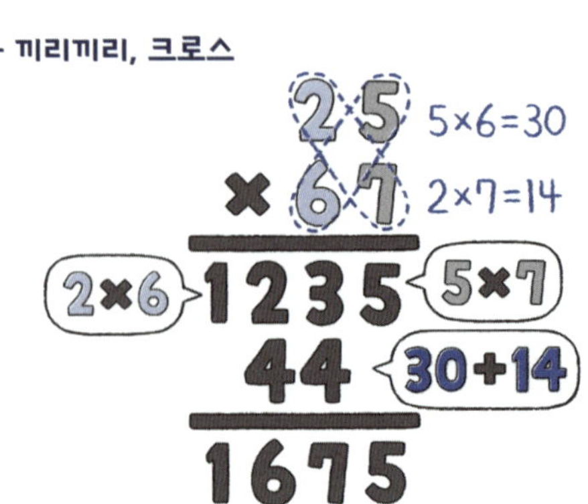

99단 3초 곱셈 통과 문제 1

- 십의 자리 수가 같고, 일의 자리 수의 합이 10인 경우

- 맞힌 개수: ☐ 개
- 걸린 시간: ☐ 초

🐾 다음 계산을 하세요.

① $24 \times 26 =$ ☐☐☐

② $45 \times 45 =$ ☐☐☐

③ $67 \times 63 =$ ☐☐☐

④ $52 \times 58 =$ ☐☐☐

⑤ $79 \times 71 =$ ☐☐☐

⑥ $86 \times 84 =$ ☐☐☐

⑦
$$\begin{array}{r} 2\ 3 \\ \times\ 2\ 7 \\ \hline \end{array}$$

⑧
$$\begin{array}{r} 3\ 8 \\ \times\ 3\ 2 \\ \hline \end{array}$$

⑨
$$\begin{array}{r} 6\ 1 \\ \times\ 6\ 9 \\ \hline \end{array}$$

⑩
$$\begin{array}{r} 9\ 4 \\ \times\ 9\ 6 \\ \hline \end{array}$$

• 맞힌 개수: ☐ 개
• 걸린 시간: ☐ 초

🐾 다음 계산을 하세요.

① $22 \times 28 =$ ☐☐ ☐☐

② $33 \times 37 =$ ☐☐ ☐☐

③ $54 \times 56 =$ ☐☐ ☐☐

④ $66 \times 64 =$ ☐☐ ☐☐

⑤ $85 \times 85 =$ ☐☐ ☐☐

⑥ $98 \times 92 =$ ☐☐ ☐☐

⑦
$$\begin{array}{r} 4\ 1 \\ \times\ 4\ 9 \\ \hline \end{array}$$

⑧
$$\begin{array}{r} 6\ 5 \\ \times\ 6\ 5 \\ \hline \end{array}$$

⑨
$$\begin{array}{r} 7\ 7 \\ \times\ 7\ 3 \\ \hline \end{array}$$

⑩
$$\begin{array}{r} 8\ 9 \\ \times\ 8\ 1 \\ \hline \end{array}$$

99단 3초 곱셈 통과 문제 1
- 십의 자리 수의 합이 10이고, 일의 자리 수가 같은 경우

🐾 다음 계산을 하세요.

1 $14 \times 94 =$

2 $35 \times 75 =$

3 $88 \times 28 =$

4 $49 \times 69 =$

5 $63 \times 43 =$

6 $56 \times 56 =$

7
$$
\begin{array}{r}
2\ 6 \\
\times\ 8\ 6 \\
\hline
\end{array}
$$

8
$$
\begin{array}{r}
7\ 2 \\
\times\ 3\ 2 \\
\hline
\end{array}
$$

9
$$
\begin{array}{r}
9\ 9 \\
\times\ 1\ 9 \\
\hline
\end{array}
$$

10
$$
\begin{array}{r}
5\ 7 \\
\times\ 5\ 7 \\
\hline
\end{array}
$$

99단 3초 곱셈 통과 문제 2

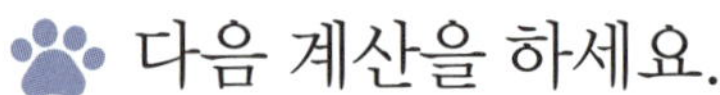

- 십의 자리 수의 합이 10이고, 일의 자리 수가 같은 경우

• 맞힌 개수: ☐ 개
• 걸린 시간: ☐ 초

🐾 다음 계산을 하세요.

❶ $25 \times 85 =$ ☐☐☐

❷ $44 \times 64 =$ ☐☐☐

❸ $37 \times 77 =$ ☐☐☐

❹ $58 \times 58 =$ ☐☐☐

❺ $92 \times 12 =$ ☐☐☐

❻ $65 \times 45 =$ ☐☐☐

❼
$$\begin{array}{r} 1\;6 \\ \times\;9\;6 \\ \hline \end{array}$$

❽
$$\begin{array}{r} 8\;3 \\ \times\;2\;3 \\ \hline \end{array}$$

❾
$$\begin{array}{r} 5\;5 \\ \times\;5\;5 \\ \hline \end{array}$$

❿
$$\begin{array}{r} 7\;9 \\ \times\;3\;9 \\ \hline \end{array}$$

99단 5초 곱셈 통과 문제 1

🐾 다음 계산을 하세요.

❶ $12 \times 56 =$ ☐☐☐
  ☐☐
  $=$ ☐☐☐☐

❷ $45 \times 23 =$ ☐☐☐
  ☐☐
  $=$ ☐☐☐☐

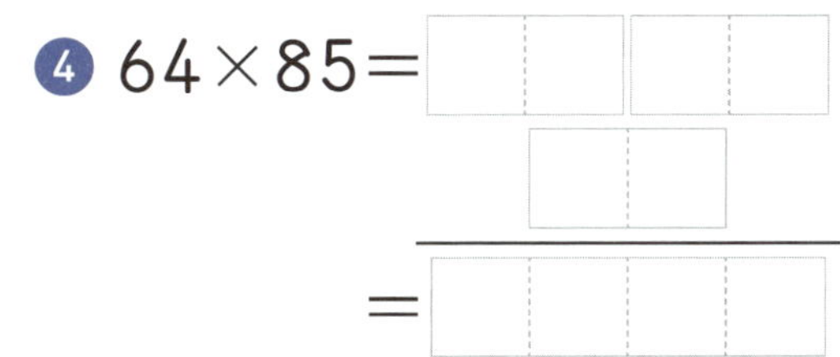

❸ $78 \times 39 =$ ☐☐☐☐
  ☐☐☐
  $=$ ☐☐☐☐

❹ $64 \times 85 =$ ☐☐☐☐
  ☐☐☐
  $=$ ☐☐☐☐

❺
$$\begin{array}{r} 4\,2 \\ \times\ 2\,4 \\ \hline \end{array}$$

❻
$$\begin{array}{r} 3\,6 \\ \times\ 5\,7 \\ \hline \end{array}$$

❼
$$\begin{array}{r} 6\,5 \\ \times\ 5\,9 \\ \hline \end{array}$$

❽
$$\begin{array}{r} 8\,1 \\ \times\ 6\,6 \\ \hline \end{array}$$

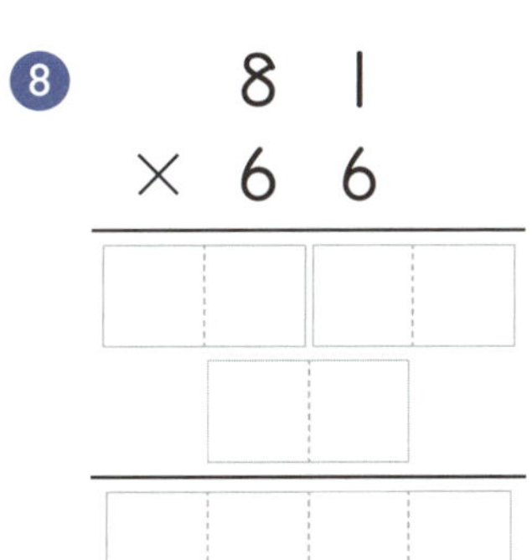

99단 5초 곱셈 통과 문제 2

- 맞힌 개수: ☐ 개
- 걸린 시간: ☐ 초

🐾 다음 계산을 하세요.

① $43 \times 18 =$

② $39 \times 54 =$

③ $86 \times 57 =$

④ $68 \times 96 =$

⑤
$$
\begin{array}{r}
2\ 7 \\
\times\ 5\ 3 \\
\hline
\end{array}
$$

⑥
$$
\begin{array}{r}
7\ 4 \\
\times\ 4\ 5 \\
\hline
\end{array}
$$

⑦
$$
\begin{array}{r}
6\ 8 \\
\times\ 7\ 6 \\
\hline
\end{array}
$$

⑧
$$
\begin{array}{r}
9\ 7 \\
\times\ 8\ 9 \\
\hline
\end{array}
$$

99단 5초 곱셈 통과 문제 3

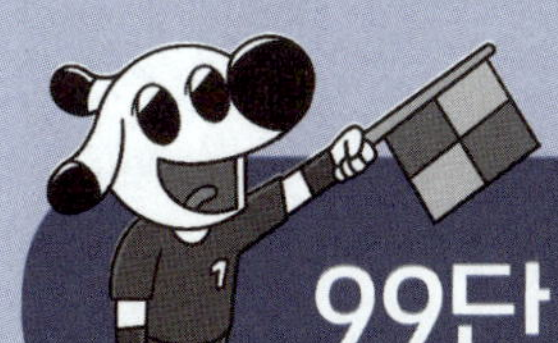

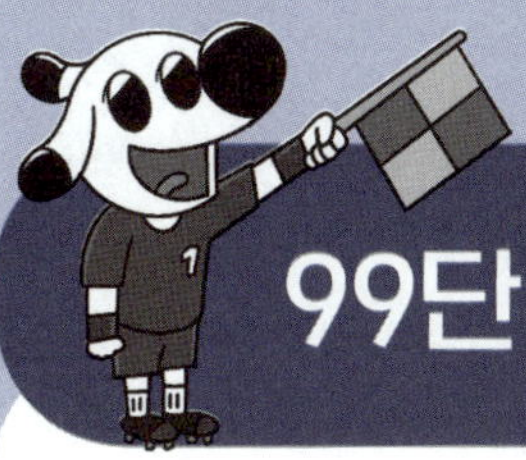

• 맞힌 개수: 개

• 걸린 시간: 초

다음 계산을 하세요.

❶ $52 \times 17 =$

❷ $26 \times 48 =$

❸ $63 \times 49 =$

❹ $59 \times 84 =$

❺

$$\begin{array}{r} 3\ 2 \\ \times\ 3\ 5 \\ \hline \end{array}$$

❻

$$\begin{array}{r} 4\ 7 \\ \times\ 5\ 3 \\ \hline \end{array}$$

❼

$$\begin{array}{r} 5\ 6 \\ \times\ 9\ 4 \\ \hline \end{array}$$

❽

$$\begin{array}{r} 8\ 3 \\ \times\ 7\ 8 \\ \hline \end{array}$$

99단 5초 곱셈 통과 문제 4

• 맞힌 개수: [ ] 개
• 걸린 시간: [ ] 초

다음 계산을 하세요.

❶ $26 \times 35 =$

❷ $53 \times 39 =$

❸ $44 \times 74 =$

❹ $98 \times 89 =$

❺ $\begin{array}{r} 27 \\ \times\ 68 \\ \hline \end{array}$

❻ $\begin{array}{r} 76 \\ \times\ 34 \\ \hline \end{array}$

❼ $\begin{array}{r} 95 \\ \times\ 45 \\ \hline \end{array}$

❽ $\begin{array}{r} 89 \\ \times\ 96 \\ \hline \end{array}$

99단 5초 곱셈 통과 문제 5

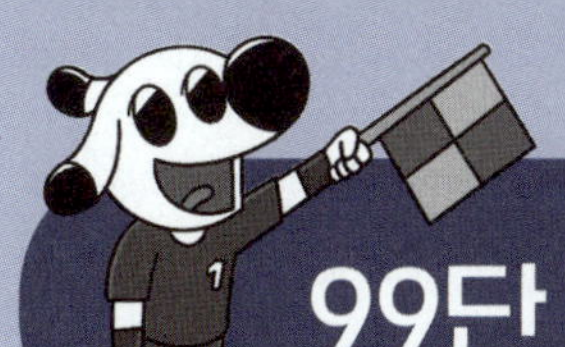

• 맞힌 개수: 개
• 걸린 시간: 초

다음 계산을 하세요.

❶ $15 \times 42 =$

❷ $52 \times 34 =$

❸ $36 \times 58 =$

❹ $85 \times 57 =$

❺
$$\begin{array}{r} 4\ 2 \\ \times\ 3\ 4 \\ \hline \end{array}$$

❻
$$\begin{array}{r} 2\ 7 \\ \times\ 8\ 6 \\ \hline \end{array}$$

❼
$$\begin{array}{r} 5\ 8 \\ \times\ 6\ 5 \\ \hline \end{array}$$

❽
$$\begin{array}{r} 9\ 3 \\ \times\ 7\ 9 \\ \hline \end{array}$$

99단 5초 곱셈 통과 문제 6

- 맞힌 개수: ___ 개
- 걸린 시간: ___ 초

🐾 다음 계산을 하세요.

① $36 \times 24 =$

② $43 \times 59 =$

③ $45 \times 67 =$

④ $79 \times 81 =$

⑤
$$\begin{array}{r} 2\ 9 \\ \times\ 7\ 3 \end{array}$$

⑥
$$\begin{array}{r} 6\ 8 \\ \times\ 4\ 6 \end{array}$$

⑦
$$\begin{array}{r} 5\ 2 \\ \times\ 9\ 5 \end{array}$$

⑧
$$\begin{array}{r} 9\ 4 \\ \times\ 8\ 8 \end{array}$$

초등학생을 위한 바쁜 빠른 99단

정답

스마트폰으로도 정답을 확인할 수 있어요!

① 정답을 확인한 후 틀린 문제는 ☆표를 쳐 놓으세요~.

② 그런 다음 연습장에 틀린 문제를 옮겨 적으세요.

③ 그리고 그 문제들만 한 번 더 풀어 보세요.

시간은 얼마 걸리지 않아요. 그러나 이때 실력이 확 붙는 거예요.
아는 문제를 여러 번 다시 푸는 건 시간 낭비예요.
내가 틀린 문제만 모아서 풀면 아무리 바쁘더라도
수학 실력을 키울 수 있어요!

01 비법의 시작 — 직사각형의 넓이를 구하면 곱셈이 보여!

곱셈식을 직사각형의 넓이로 알아보세요.

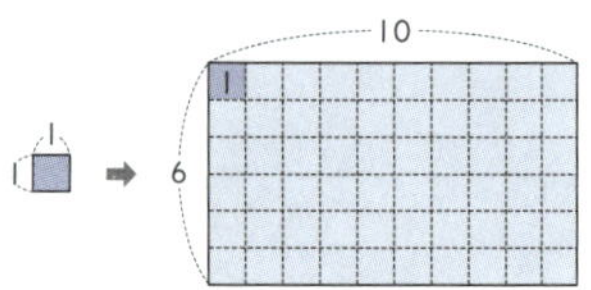

직사각형에 ▢가 가로에 10개, 세로에 6개가 있으므로 모두 **60** 개입니다.

➡ 직사각형의 넓이: $10×6=$ **60**

(직사각형의 넓이)=(가로)×(세로)

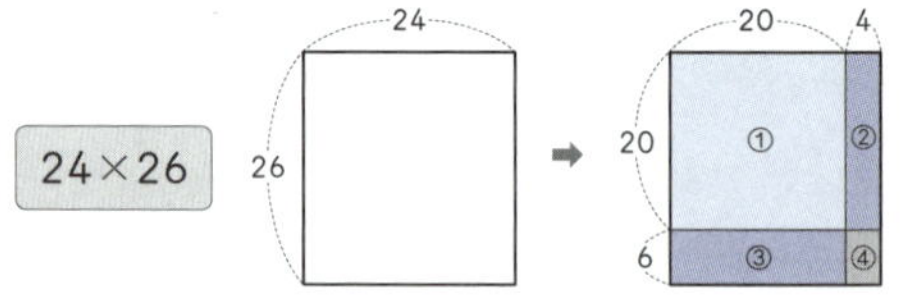

$24×26$

24×26은 $20×20+$ **4** $×20+20×6+4×$ **6** 을 계산한 값과 같습니다.

➡ $24×26=400+$ **80** $+120+$ **24** $=$ **624**

전략 노트 직사각형의 넓이는 **곱셈** 으로 구한다. 곱셈에 넓이를 이용하자!

앞으로 배울 99단 곱셈법에서는 직사각형의 넓이를 이용할 거예요.
먼저 99단 곱셈을 그림으로 이해해 봐요.

그림을 보고 ▢ 안에 알맞은 수를 써넣으세요.

❶ $35×35$

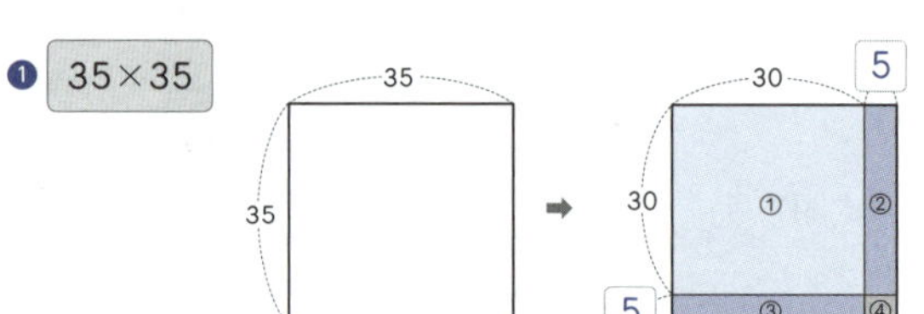

네 부분의 넓이의 합을 구해 곱셈식을 계산해 봐요.

$35×35=①+②+③+④$ ⟨ $30×30+5×30+30×5+5×5$ ⟩
$=900+$ **150** $+150+$ **25** $=$ **1225**

❷ $47×43$

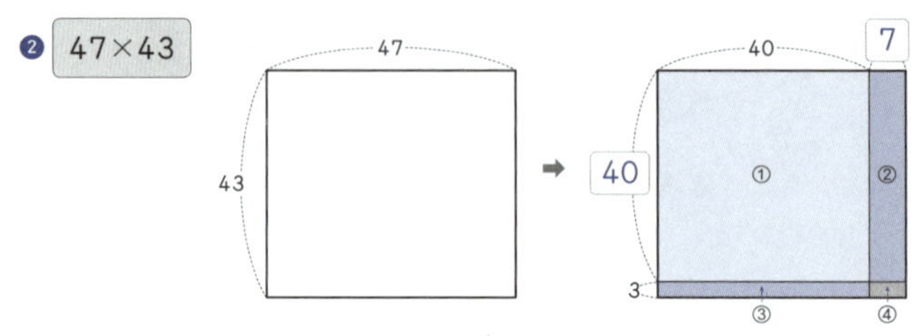

$47×43=①+②+③+④$ ⟨ $40×40+7×40+40×3+7×3$ ⟩
$=$ **1600** $+$ **280** $+$ **120** $+21=$ **2021**

02 비법의 시작 — 세로가 몇십인 직사각형부터 만들자

$27×23$을 나타내는 그림이 있습니다. 세로가 몇십이고 가로가 늘어난 직사각형을 만들어 보세요.

$27×23$

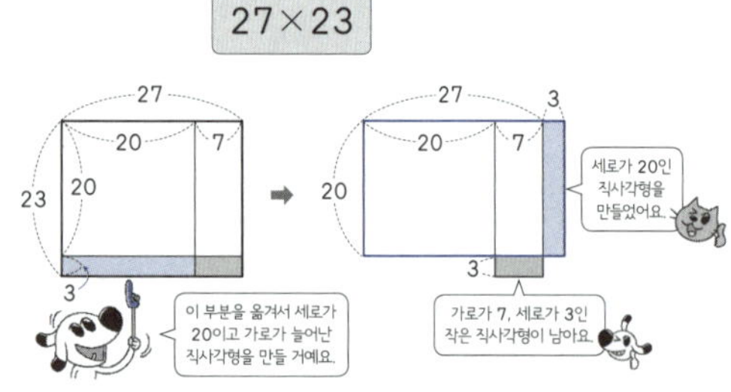

27×23의 그림에서 $20×3$의 부분을 이동하여 세로가 20인 직사각형 ▢을 만들었습니다.

직사각형 ▢의 가로는 27에서 **3** 만큼 늘어난 **30** 이 됩니다.

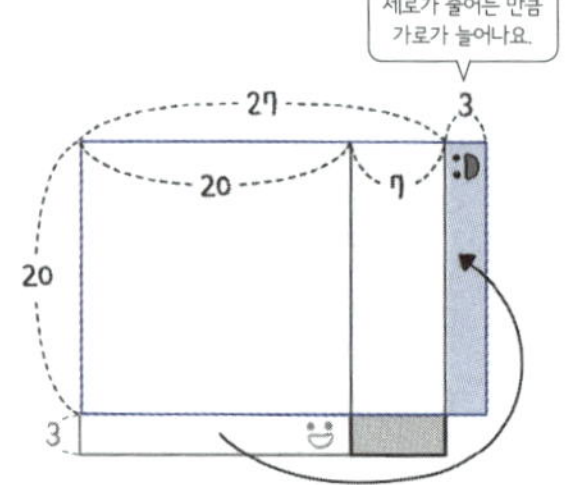

가로 늘리기 신공! 세로가 **몇십**인 가로가 늘어난 직사각형을 만들기 위해 주어진 사각형의 한 부분을 이동하는 방법이에요. 앞으로 '가로 늘리기 신공'이라고 부를게요.

99단 곱셈을 나타내는 그림을 변형하면 '세로가 몇십인 직사각형'과 '남은 작은 직사각형'을 만들 수 있어요.

세로가 몇십이고 가로가 늘어난 직사각형을 만들었습니다. ▢ 안에 알맞은 수를 써넣으세요.

❶ $26×24$

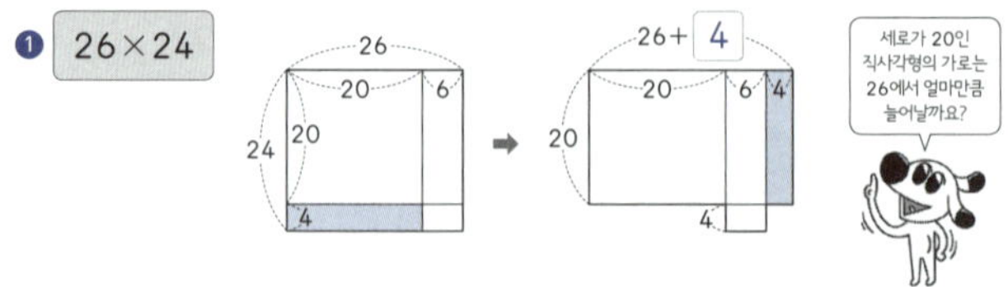

세로가 20인 직사각형의 가로는 26에서 얼마만큼 늘어날까요?

❷ $35×35$

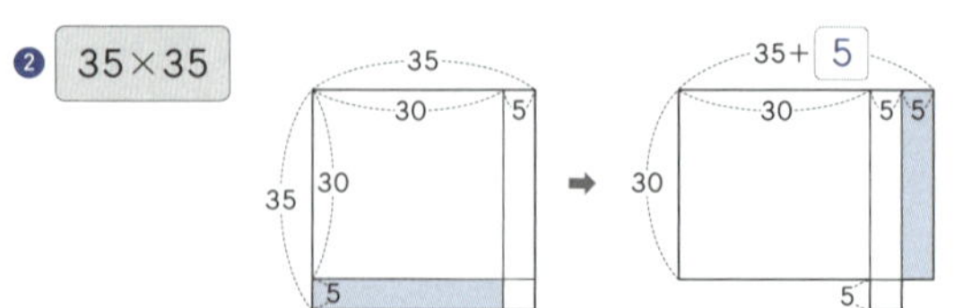

❸ $42×48$

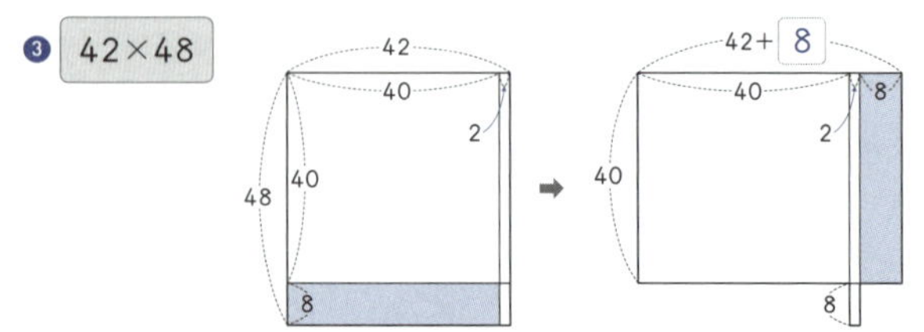

03 비법의 시작
이제 24×26의 계산이 쉬워질 거야!

99단 곱셈 중에서 '십의 자리 수가 같고, 일의 자리 수의 합이 10인 경우'일 때 그림을 이용하면 99단 곱셈을 계산이 쉬운 '간단한 두 개의 곱의 합'으로 나타낼 수 있어요.

'십의 자리 수가 같고, 일의 자리 수의 합이 10인 경우'의 99단 곱셈의 쉬운 계산을 알아보세요.

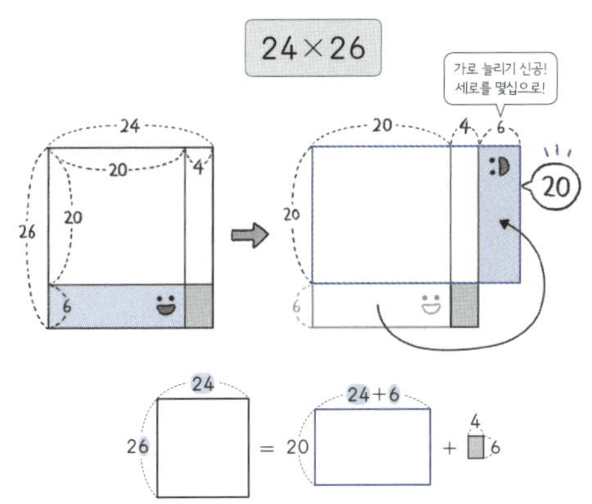

$24×26$

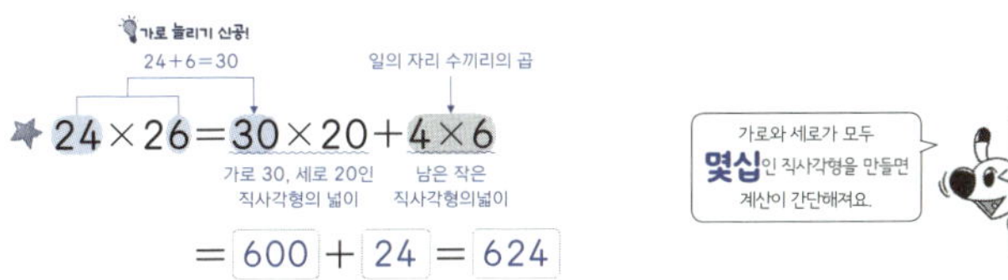

가로 늘리기 신공!
24+6=30   일의 자리 수끼리의 곱

$$24×26 = \boxed{30} ×20 + \boxed{4} × \boxed{6}$$

가로 30, 세로 20인 직사각형의 넓이   남은 작은 직사각형의 넓이

$$= \boxed{600} + \boxed{24} = \boxed{624}$$

99단 곱셈법의 원리를 이용하여 계산해 보세요.

❶ $23×27$

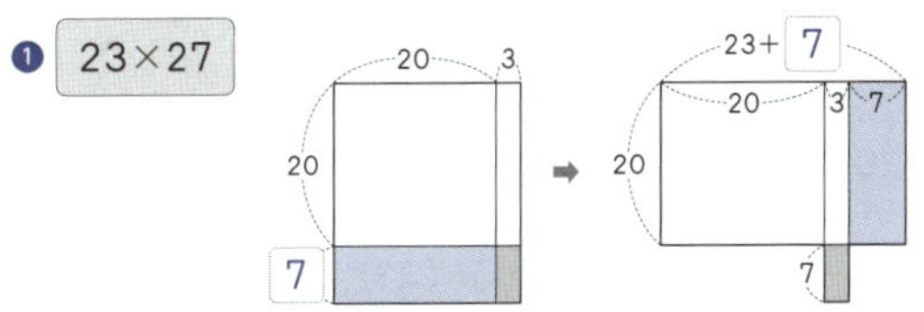

가로 늘리기 신공!
23+7=30   일의 자리 수끼리의 곱

$$23×27 = \boxed{30} ×20 + \boxed{3} × \boxed{7}$$
$$= \boxed{600} + \boxed{21} = \boxed{621}$$

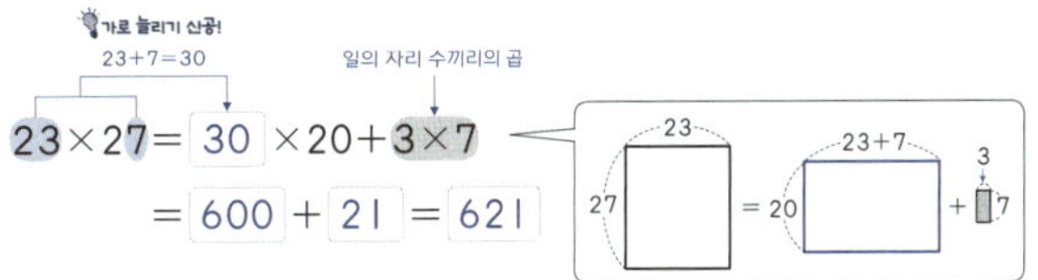

❷ $39×31$

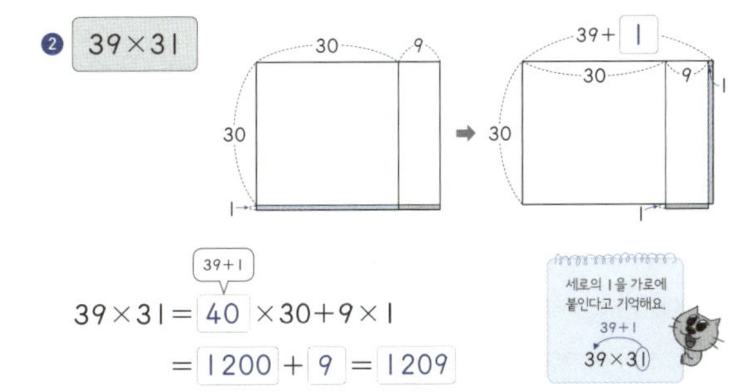

39+1

$$39×31 = \boxed{40} ×30 + 9 × \boxed{1}$$
$$= \boxed{1200} + \boxed{9} = \boxed{1209}$$

04 비법의 시작
그릴 줄 알면 잊어버리지 않을 거야

'세로가 몇십이고 가로가 늘어난 직사각형'이 되도록 색칠된 직사각형을 직접 옮겨 그려 봐요.

색칠된 직사각형을 이동해 그려서 99단 곱셈법의 원리 그림을 완성하고 계산해 보세요.

❶ $22×28$

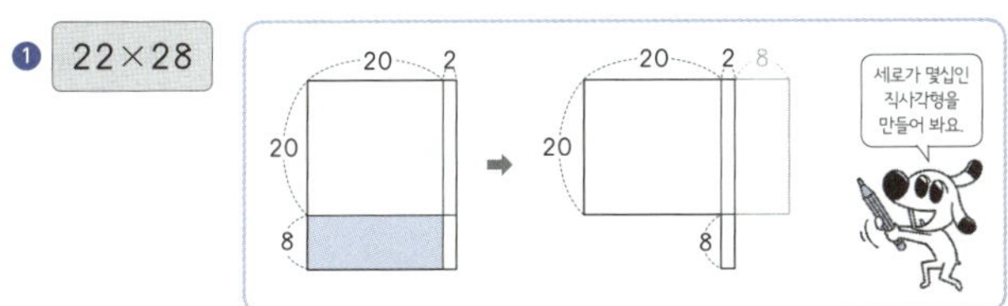

$$22×28 = \boxed{30} ×20 + 2 × \boxed{8}$$
$$= \boxed{600} + \boxed{16} = \boxed{616}$$

❷ $36×34$

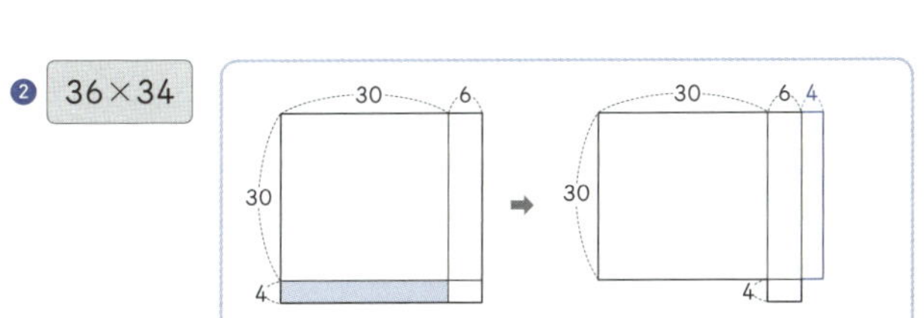

$$36×34 = \boxed{40} ×30 + \boxed{6} ×4$$
$$= \boxed{1200} + \boxed{24} = \boxed{1224}$$

색칠된 직사각형을 이동해 그려서 99단 곱셈법의 원리 그림을 완성하고 계산해 보세요.

❶ $25×25$

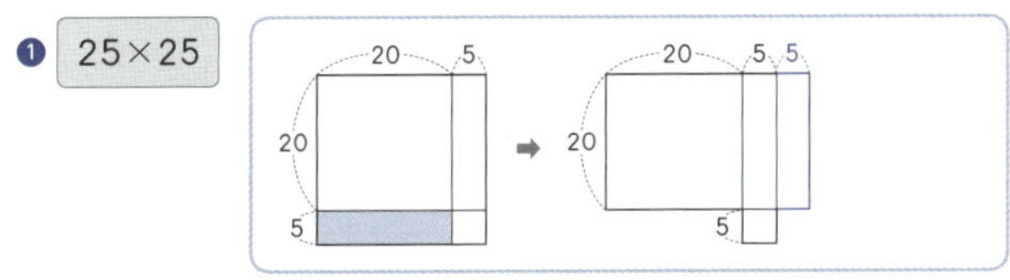

$$25×25 = \boxed{30} × 20 + \boxed{5} × \boxed{5}$$
$$= \boxed{600} + \boxed{25} = \boxed{625}$$

❷ $46×44$

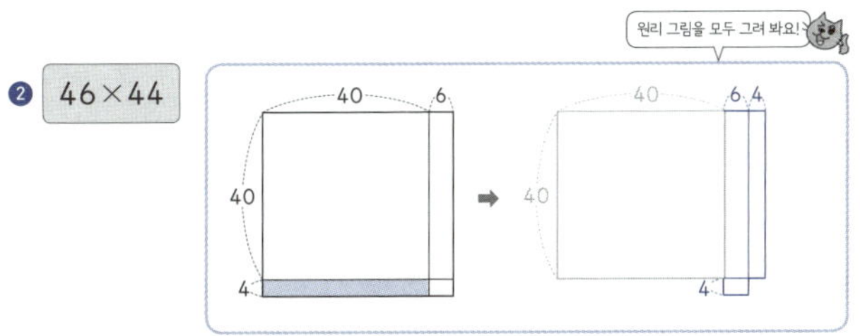

$$46×44 = \boxed{50} × \boxed{40} + \boxed{6} × \boxed{4}$$
$$= \boxed{2000} + \boxed{24} = \boxed{2024}$$

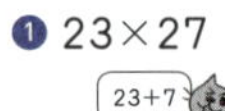 비법 써먹기

05 간단한 두 개의 곱의 합으로 구하면 쉬워 1

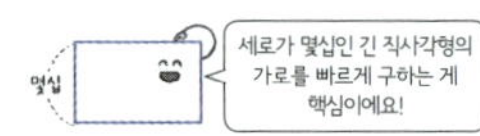
99단 곱셈을 '간단한 두 개의 곱의 합'으로 나타내는 과정이 익숙해지도록 연습해 봐요.

🐾 간단한 두 개의 곱의 합으로 계산해 보세요.

① 23×27

23+7

= 30 ×20+3×7
= 600 + 21 = 621

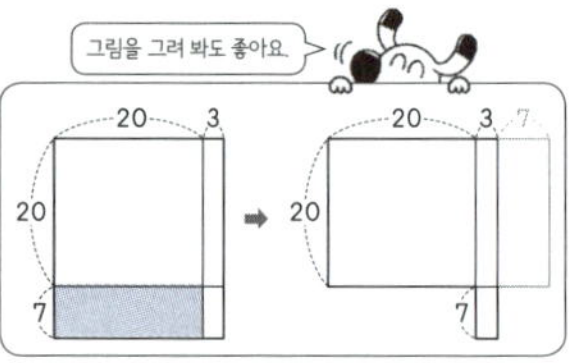

② 31×39
= 40 ×30+1× 9
= 1200 + 9 = 1209

③ 46×44
= 50 ×40+6× 4
= 2000 + 24 = 2024

④ 65×65
= 70 ×60+5× 5
= 4200 + 25 = 4225

⑤ 83×87
= 90 ×80+3× 7
= 7200 + 21 = 7221

⑥ 52×58
= 60 ×50+2× 8
= 3000 + 16 = 3016

⑦ 79×71
= 80 ×70+9× 1
= 5600 + 9 = 5609

🐾 간단한 두 개의 곱의 합으로 계산해 보세요.

명심
세로가 몇십인 직사각형의 가로를 빠르게 구하는 게 핵심이에요!

① 22×28
= 30 ×20+2× 8
= 600 + 16 = 616

② 34×36
= 40 ×30+4× 6
= 1200 + 24 = 1224

③ 57×53
= 60 ×50+7× 3
= 3000 + 21 = 3021

④ 49×41
= 50 ×40+9× 1
= 2000 + 9 = 2009

⑤ 86×84
= 90 ×80+6× 4
= 7200 + 24 = 7224

⑥ 75×75
= 80 ×70+5× 5
= 5600 + 25 = 5625

⑦ 61×69
= 70 ×60+1× 9
= 4200 + 9 = 4209

⑧ 98×92

98+2

= 100 ×90+8× 2
= 9000 + 16 = 9016

 비법 써먹기

06 간단한 두 개의 곱의 합으로 구하면 쉬워 2

그림을 떠올리면 계산하는 방법을 기억하기 쉬울 거예요.
'세로가 몇십인 직사각형'과 '남은 작은 직사각형'의 넓이의 합을 구한다고 생각해 봐요.

🐾 간단한 두 개의 곱의 합으로 계산해 보세요.

① 25×25

25+5

= 30 × 20 + 5 × 5
= 600 + 25 = 625

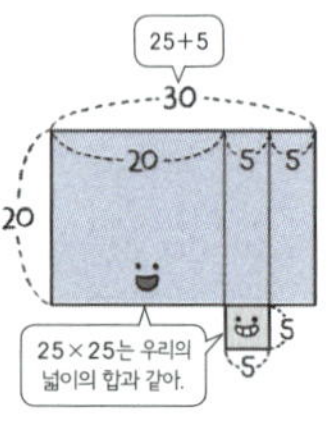

② 42×48
= 50 × 40 + 2 × 8
= 2000 + 16 = 2016

③ 59×51
= 60 × 50 + 9 × 1
= 3000 + 9 = 3009

④ 64×66
= 70 × 60 + 4 × 6
= 4200 + 24 = 4224

⑤ 83×87
= 90 × 80 + 3 × 7
= 7200 + 21 = 7221

⑥ 78×72
= 80 × 70 + 8 × 2
= 5600 + 16 = 5616

⑦ 91×99
= 100 × 90 + 1 × 9
= 9000 + 9 = 9009

🐾 간단한 두 개의 곱의 합으로 계산해 보세요.

① 24×26
= 30 × 20 + 4 × 6
= 600 + 24 = 624

② 35×35
= 40 × 30 + 5 × 5
= 1200 + 25 = 1225

③ 43×47
= 50 × 40 + 3 × 7
= 2000 + 21 = 2021

④ 58×52
= 60 × 50 + 8 × 2
= 3000 + 16 = 3016

⑤ 61×69
= 70 × 60 + 1 × 9
= 4200 + 9 = 4209

⑥ 79×71
= 80 × 70 + 9 × 1
= 5600 + 9 = 5609

⑦ 97×93
= 100 × 90 + 7 × 3
= 9000 + 21 = 9021

⑧ 82×88
= 90 × 80 + 2 × 8
= 7200 + 16 = 7216

07 비법 써먹기
단계를 하나 줄여 볼까

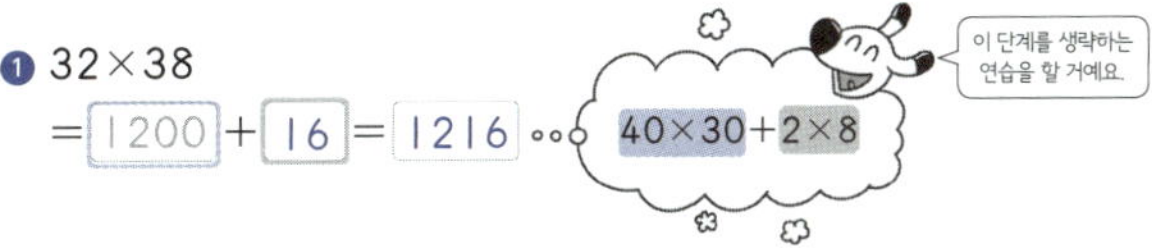

속도를 조금 높여 볼까요? 단계를 하나 줄여서 덧셈식으로 바로 나타내어 계산해요.
아직 암산이 어렵다면 식을 살짝 적어 봐도 좋아요.

단계를 하나 줄여서 계산해 보세요.

❶ 32×38
$= \boxed{1200} + \boxed{16} = 1216$ ⟶ $\boxed{40 \times 30} + \boxed{2 \times 8}$

❷ 47×43
$= \boxed{2000} + \boxed{21} = \boxed{2021}$

❸ 61×69
$= \boxed{4200} + \boxed{9} = \boxed{4209}$

❹ 55×55
$= \boxed{3000} + \boxed{25} = \boxed{3025}$

❺ 78×72
$= \boxed{5600} + \boxed{16} = \boxed{5616}$

❻ 94×96
$= \boxed{9000} + \boxed{24} = \boxed{9024}$

❼ 89×81
$= \boxed{7200} + \boxed{9} = \boxed{7209}$

단계를 하나 줄여서 계산해 보세요.

❶ 29×21
$= \boxed{600} + \boxed{9} = \boxed{609}$

❷ 36×34
$= \boxed{1200} + \boxed{24} = \boxed{1224}$

❸ 52×58
$= \boxed{3000} + \boxed{16} = \boxed{3016}$

❹ 67×63
$= \boxed{4200} + \boxed{21} = \boxed{4221}$

❺ 84×86
$= \boxed{7200} + \boxed{24} = \boxed{7224}$

❻ 75×75
$= \boxed{5600} + \boxed{25} = \boxed{5625}$

❼ 98×92
$= \boxed{9000} + \boxed{16} = \boxed{9016}$

---

08 비법 써먹기
가로를 몇십으로 만들면 쉬운 99단

단계를 줄여서 계산해 보세요.

❶ $26 \times 24 = 600 + 24 = 624$

❷ $39 \times 31 = 1200 + 9 = 1209$

❸ $42 \times 48 = 2000 + 16 = 2016$

❹ $61 \times 69 = 4200 + 9 = 4209$

❺ $57 \times 53 = 3000 + 21 = 3021$

❻ $73 \times 77 = 5600 + 21 = 5621$

❼ $65 \times 65 = 4200 + 25 = 4225$

❽ $82 \times 88 = 7200 + 16 = 7216$

❾ $99 \times 91 = 9000 + 9 = 9009$

계산을 바르게 한 친구를 찾아 ◯표 하세요.

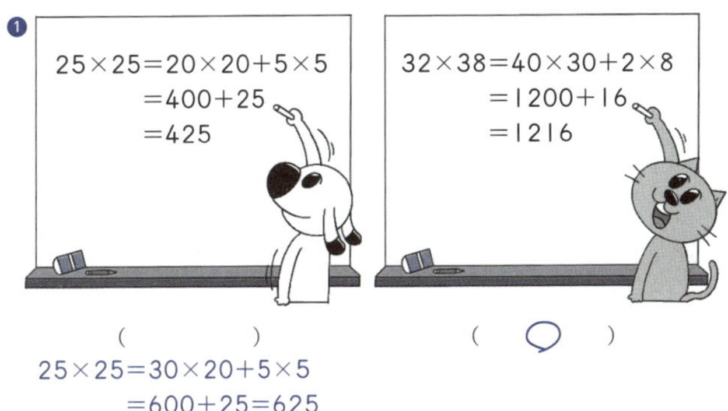

❷

09 비법의 완성

암산으로 답을 바로 써 볼까

이제 덧셈식으로 나타내는 과정도 한 단계 줄여 볼 거예요.
3초 만에 답이 나오는 빠른 셈에 도전해 봐요!

🐾 보기 와 같이 3초 계산법으로 풀어 보세요.

보기 3초 계산법

● 4|+9=50, 50×40=2000

$$41×49 = \boxed{2~0}~\square~\square \;\rightarrow\; 41×49 = 2~0~0~9$$

(십의 자리 수+1)×(십의 자리 수)로 기억해요!

❷ 1×9=9

❶ (십의 자리 수+1)×(십의 자리 수)

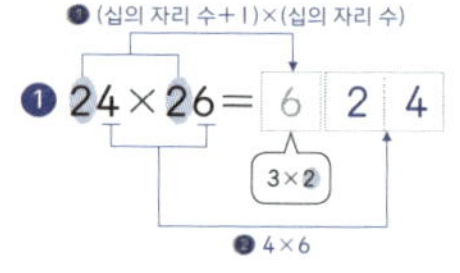
❶ 24×26 = 6 2 4
3×2
❷ 4×6

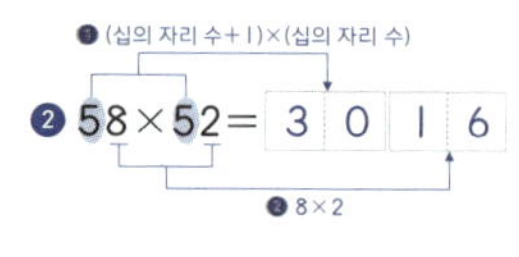
❷ 58×52 = 3 0 1 6
❸ 8×2

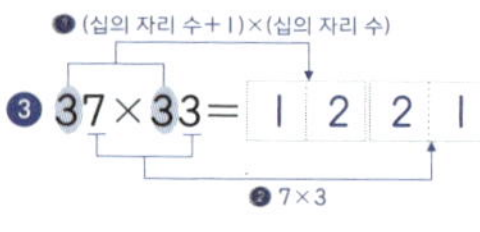
❸ 37×33 = 1 2 2 1
❷ 7×3

❹ 66×64 = 4 2 2 4
❷ 6×4

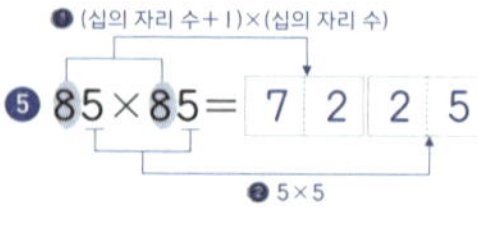
❺ 85×85 = 7 2 2 5
❷ 5×5

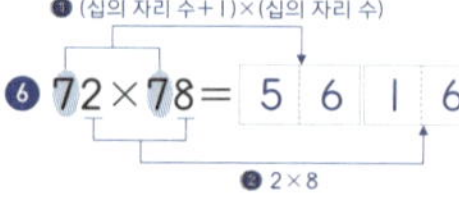
❻ 72×78 = 5 6 1 6
❷ 2×8

🐾 3초 계산법으로 풀어 보세요.

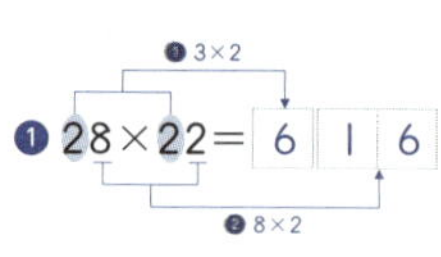
❶ 28×22 = 6 1 6
❸ 3×2
❷ 8×2

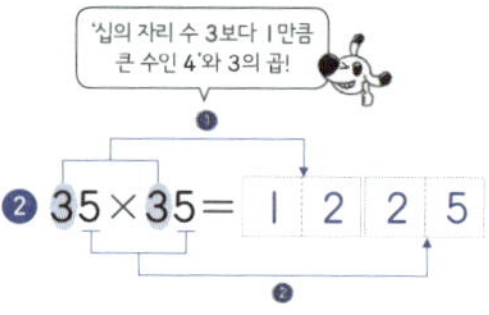
❷ 35×35 = 1 2 2 5

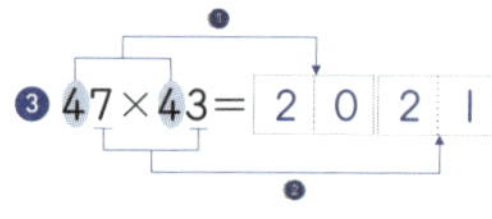
❸ 47×43 = 2 0 2 1

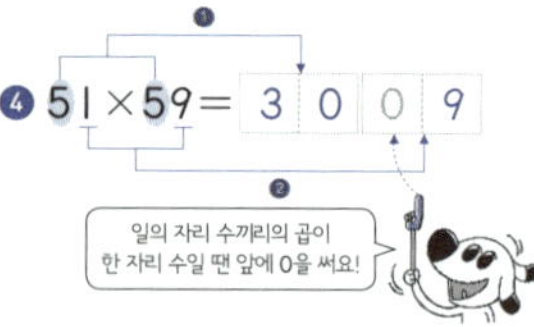
❹ 51×59 = 3 0 0 9

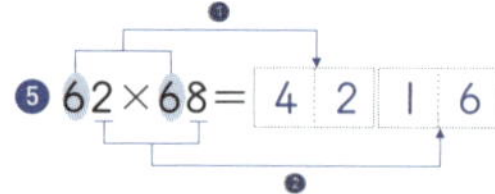
❺ 62×68 = 4 2 1 6

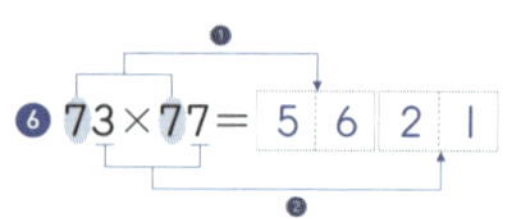
❻ 73×77 = 5 6 2 1

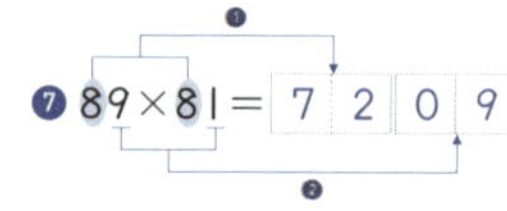
❼ 89×81 = 7 2 0 9

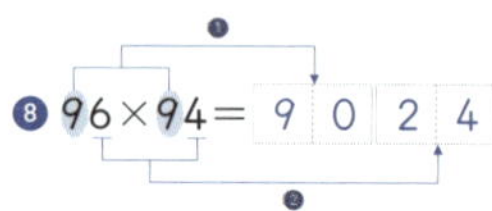
❽ 96×94 = 9 0 2 4

---

10 비법의 완성

세로셈도 암산으로 답을 바로 써 볼까

이번에는 세로셈도 암산으로 답을 바로 써 볼 거예요.
암산하는 방법은 가로셈과 같으니 익숙해지도록 연습해 봐요.

🐾 보기 와 같이 3초 계산법으로 풀어 보세요.

보기 3초 계산법

$$\begin{array}{r} 5~8 \\ \times~5~2 \\ \hline 3~0 \end{array} \;\rightarrow\; \begin{array}{r} 5~8 \\ \times~5~2 \\ \hline 3~0~1~6 \end{array}$$

❷ 8×2=16
❶ 6×5=30

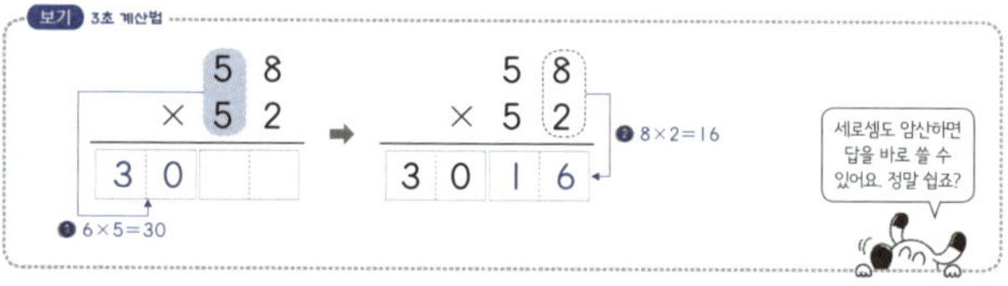

❶
× 2 6 / 2 4
6 2 4
❷ 6×4
❶ (십의 자리 수+1)×(십의 자리 수)
3×2

❷
× 3 3 / 3 7
1 2 2 1
❷ 3×7
❶ (십의 자리 수+1)×(십의 자리 수)

❸
× 4 2 / 4 8
2 0 1 6
❷ 2×8
❶ (십의 자리 수+1)×(십의 자리 수)

❹
× 6 1 / 6 9
4 2 0 9
❷ 1×9
❶ (십의 자리 수+1)×(십의 자리 수)

❺
× 8 9 / 8 1
7 2 0 9
❷ 9×1
❶ (십의 자리 수+1)×(십의 자리 수)

❻
× 9 4 / 9 6
9 0 2 4
❷ 4×6
❶ (십의 자리 수+1)×(십의 자리 수)

🐾 3초 계산법으로 풀어 보세요.

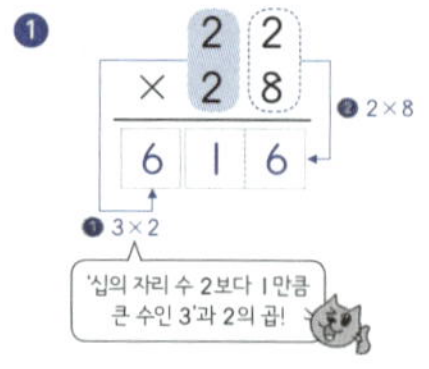
❶
× 2 2 / 2 8
6 1 6
❷ 2×8
❸ 3×2

❷
× 3 9 / 3 1
1 2 0 9
❶

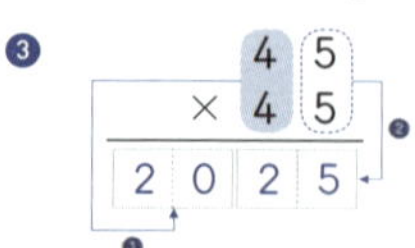
❸
× 4 5 / 4 5
2 0 2 5
❷

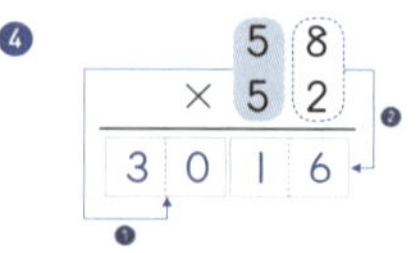
❹
× 5 8 / 5 2
3 0 1 6
❷

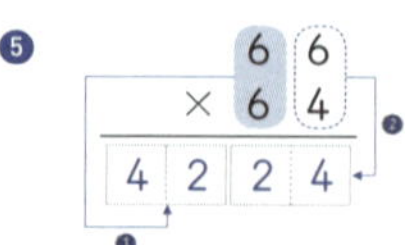
❺
× 6 6 / 6 4
4 2 2 4
❷

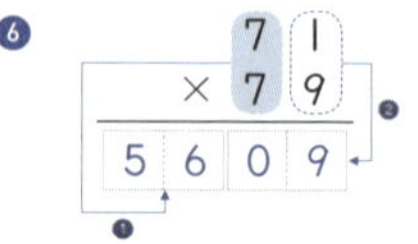
❻
× 7 1 / 7 9
5 6 0 9
❷

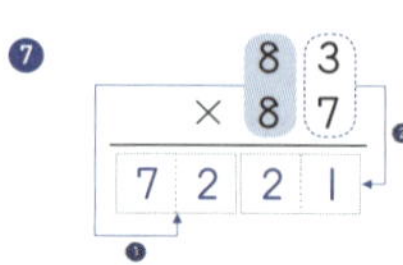
❼
× 8 3 / 8 7
7 2 2 1
❷

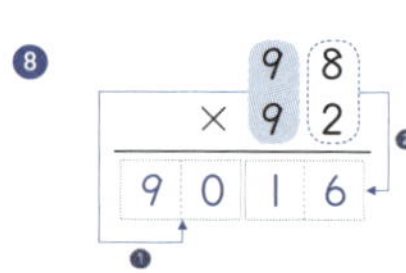
❽
× 9 8 / 9 2
9 0 1 6
❷

11 비법의 완성
답이 바로 나오는 99단 3초 계산법 1

가로셈과 세로셈을 다시 풀면서 비법을 완성해 봐요!
3초 계산법이면 바르게 답을 구할 수 있을 거예요.

🐾 3초 계산법으로 풀어 보세요.

❶ $23 \times 27 = 621$　　❷ $36 \times 34 = 1224$

❸ $55 \times 55 = 3025$　　❹ $48 \times 42 = 2016$

❺ $69 \times 61 = 4209$　　❻ $74 \times 76 = 5624$

❼ $81 \times 89 = 7209$　　❽ $65 \times 65 = 4225$

❾ $77 \times 73 = 5621$　　❿ $92 \times 98 = 9016$

🐾 3초 계산법으로 풀어 보세요.

❶
$$\begin{array}{r} 24 \\ \times\ 26 \\ \hline 624 \end{array}$$

❷
$$\begin{array}{r} 41 \\ \times\ 49 \\ \hline 2009 \end{array}$$

❸
$$\begin{array}{r} 35 \\ \times\ 35 \\ \hline 1225 \end{array}$$

❹
$$\begin{array}{r} 53 \\ \times\ 57 \\ \hline 3021 \end{array}$$

❺
$$\begin{array}{r} 66 \\ \times\ 64 \\ \hline 4224 \end{array}$$

❻
$$\begin{array}{r} 79 \\ \times\ 71 \\ \hline 5609 \end{array}$$

❼
$$\begin{array}{r} 97 \\ \times\ 93 \\ \hline 9021 \end{array}$$

❽
$$\begin{array}{r} 88 \\ \times\ 82 \\ \hline 7216 \end{array}$$

12 비법의 완성
답이 바로 나오는 99단 3초 계산법 2

이제 99단 곱셈을 3초 만에 풀 수 있나요?
빠르게 집중해서 풀어 봐요!

🐾 3초 계산법으로 풀어 보세요.

❶ $28 \times 22 = 616$　　❷ $33 \times 37 = 1221$

❸ $54 \times 56 = 3024$　　❹ $45 \times 45 = 2025$

❺ $67 \times 63 = 4221$　　❻ $59 \times 51 = 3009$

❼ $75 \times 75 = 5625$　　❽ $66 \times 64 = 4224$

❾ $82 \times 88 = 7216$　　❿ $91 \times 99 = 9009$

🐾 3초 계산법으로 풀어 보세요.

❶
$$\begin{array}{r} 21 \\ \times\ 29 \\ \hline 609 \end{array}$$

❷
$$\begin{array}{r} 38 \\ \times\ 32 \\ \hline 1216 \end{array}$$

❸
$$\begin{array}{r} 46 \\ \times\ 44 \\ \hline 2024 \end{array}$$

❹
$$\begin{array}{r} 65 \\ \times\ 65 \\ \hline 4225 \end{array}$$

❺
$$\begin{array}{r} 52 \\ \times\ 58 \\ \hline 3016 \end{array}$$

❻
$$\begin{array}{r} 73 \\ \times\ 77 \\ \hline 5621 \end{array}$$

❼
$$\begin{array}{r} 89 \\ \times\ 81 \\ \hline 7209 \end{array}$$

❽
$$\begin{array}{r} 98 \\ \times\ 92 \\ \hline 9016 \end{array}$$

13 비법의 시작
67×47의 계산도 쉬워질 거야!

👣 '십의 자리 수의 합이 10이고, 일의 자리 수가 같은 경우'의 99단 곱셈의 쉬운 계산을 알아보세요.

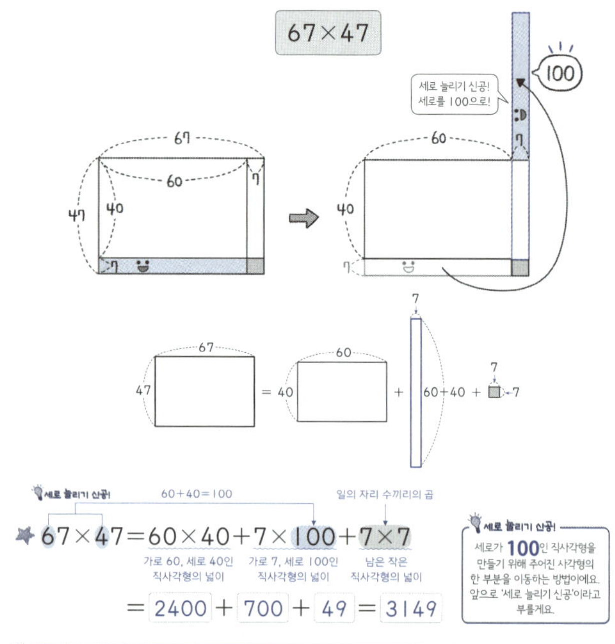

✦ 67×47 = 60×40 + 7×100 + 7×7

세로 늘리기 산공! 60+40=100
일의 자리 수끼리의 곱

가로 60, 세로 40인 직사각형의 넓이 / 가로 7, 세로 100인 직사각형의 넓이 / 남은 작은 직사각형의 넓이

= 2400 + 700 + 49 = 3149

세로 늘리기 산공! 세로가 100인 직사각형을 만들기 위해 주어진 직사각형의 한 부분을 이동하는 방법이에요. 앞으로 '세로 늘리기 신공'이라고 부를게요.

✦ 전략노트 세로가 100 인 직사각형을 만들면 99단 곱셈 계산이 쉬워져!

👣 99단 곱셈 중에서 '십의 자리 수의 합이 10이고, 일의 자리 수가 같은 경우'일 때 그림을 이용하면 99단 곱셈을 계산이 쉬운 '간단한 세 개의 곱의 합'으로 나타낼 수 있어요.

👣 99단 곱셈법의 원리를 이용하여 계산해 보세요.

❶ 26×86

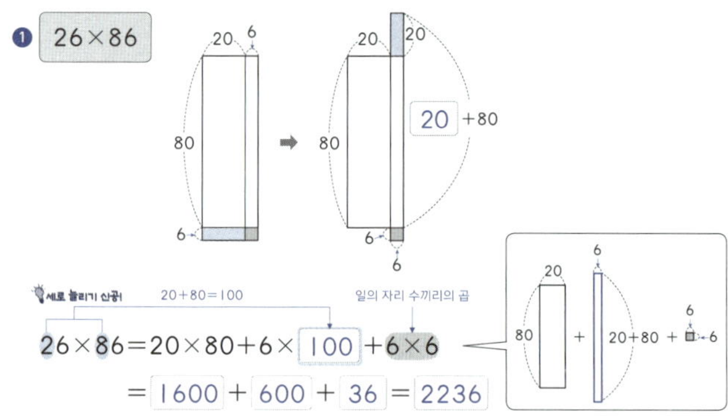

세로 늘리기 산공! 20+80=100
일의 자리 수끼리의 곱

26×86 = 20×80 + 6× 100 +6×6

= 1600 + 600 + 36 = 2236

❷ 78×38

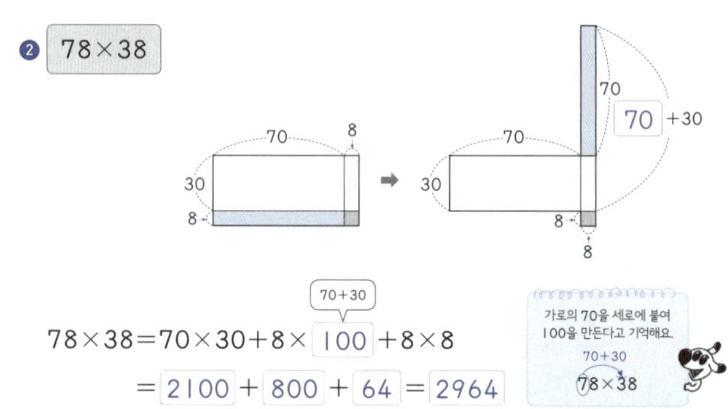

78×38 = 70×30 + 8× 100 +8×8

가로의 70을 세로에 붙여 100을 만든다고 기억해요.
70+30
78×38

= 2100 + 800 + 64 = 2964

14 비법의 시작
그릴 줄 알면 잊어버리지 않을 거야

👣 색칠된 직사각형을 이동해 그려서 99단 곱셈법의 원리 그림을 완성하고 계산해 보세요.

❶ 45×65

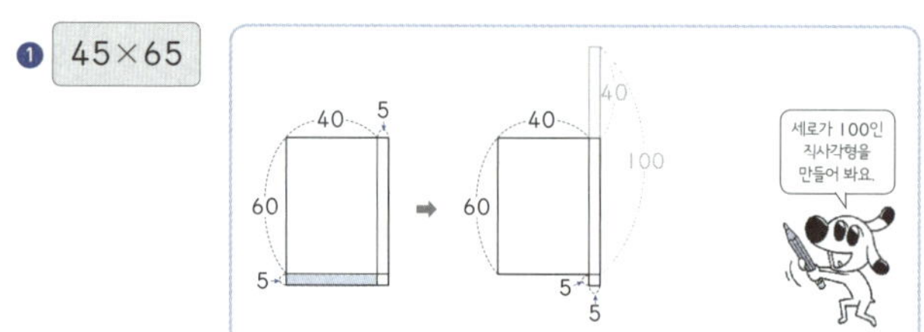

45×65 = 40× 60 +5× 100 +5× 5

= 2400 + 500 + 25 = 2925

❷ 76×36

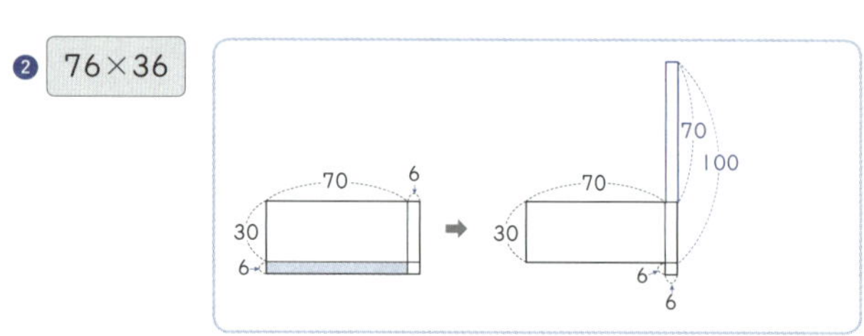

76×36 = 70× 30 +6× 100 +6× 6

= 2100 + 600 + 36 = 2736

👣 '세로가 100으로 늘어난 직사각형'이 되도록 색칠된 직사각형을 직접 옮겨 그려 봐요.

👣 색칠된 직사각형을 이동해 그려서 99단 곱셈법의 원리 그림을 완성하고 계산해 보세요.

❶ 27×87

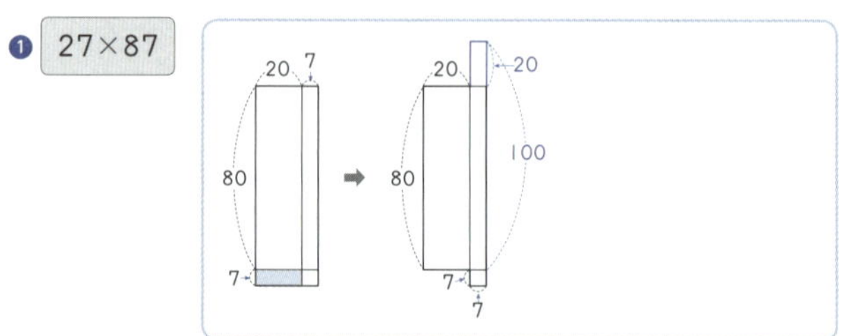

27×87 = 20× 80 +7× 100 +7× 7

= 1600 + 700 + 49 = 2349

❷ 59×59

원리 그림을 모두 그려 봐요!

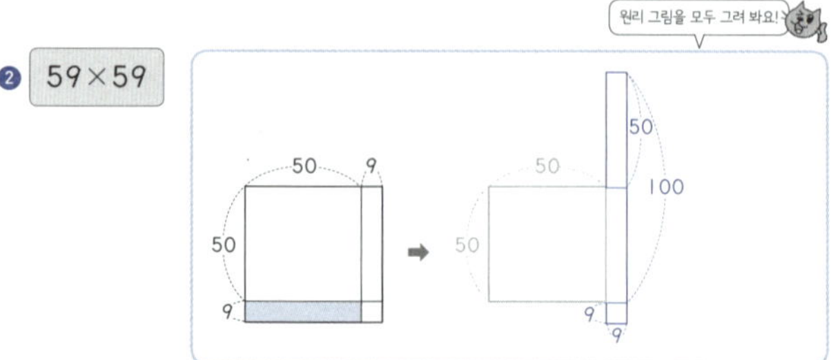

59×59 = 50× 50 +9× 100 +9× 9

= 2500 + 900 + 81 = 3481

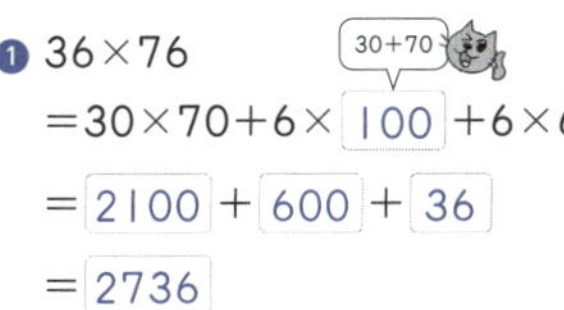

15 간단한 세 개의 곱의 합으로 구하면 쉬워 1

99단 곱셈을 '간단한 세 개의 곱의 합'으로 나타내는 과정이 익숙해지도록 연습해 봐요.

🐾 간단한 세 개의 곱의 합으로 계산해 보세요.

❶ $36×76$ 〔30+70〕

$=30×70+6× \boxed{100} +6×6$

$= \boxed{2100} + \boxed{600} + \boxed{36}$

$= \boxed{2736}$

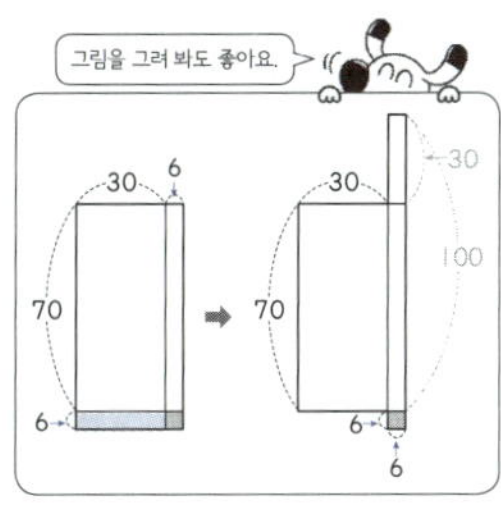

❷ $23×83=20× \boxed{80} +3× \boxed{100} +3×3$

$= \boxed{1600} + \boxed{300} + \boxed{9} = \boxed{1909}$

❸ $64×44=60× \boxed{40} +4× \boxed{100} +4×4$

$= \boxed{2400} + \boxed{400} + \boxed{16} = \boxed{2816}$

❹ $57×57=50× \boxed{50} +7× \boxed{100} +7×7$

$= \boxed{2500} + \boxed{700} + \boxed{49} = \boxed{3249}$

❺ $78×38=70× \boxed{30} +8× \boxed{100} +8×8$

$= \boxed{2100} + \boxed{800} + \boxed{64} = \boxed{2964}$

🐾 간단한 세 개의 곱의 합으로 계산해 보세요.

❶ $12×92=10× \boxed{90} +2× \boxed{100} +2× \boxed{2}$

$= \boxed{900} + \boxed{200} + \boxed{4} = \boxed{1104}$

❷ $53×53=50× \boxed{50} +3× \boxed{100} +3× \boxed{3}$

$= \boxed{2500} + \boxed{300} + \boxed{9} = \boxed{2809}$

❸ $65×45=60× \boxed{40} +5× \boxed{100} +5× \boxed{5}$

$= \boxed{2400} + \boxed{500} + \boxed{25} = \boxed{2925}$

❹ $39×79=30× \boxed{70} +9× \boxed{100} +9× \boxed{9}$

$= \boxed{2100} + \boxed{900} + \boxed{81} = \boxed{3081}$

❺ $91×11=90× \boxed{10} +1× \boxed{100} +1× \boxed{1}$

$= \boxed{900} + \boxed{100} + \boxed{1} = \boxed{1001}$

❻ $86×26=80× \boxed{20} +6× \boxed{100} +6× \boxed{6}$

$= \boxed{1600} + \boxed{600} + \boxed{36} = \boxed{2236}$

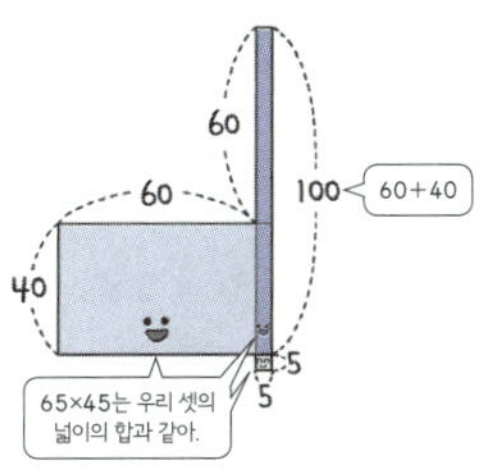

16 간단한 세 개의 곱의 합으로 구하면 쉬워 2

그림을 떠올리면 계산하는 방법을 기억하기 쉬울 거예요.
'가로와 세로가 몇십인 직사각형'에 '세로가 100인 직사각형'과
'남은 작은 직사각형'의 넓이를 더한다고 생각해 봐요.

🐾 간단한 세 개의 곱의 합으로 계산해 보세요.

❶ $65×45$ 〔60+40〕

$=60×40+5× \boxed{100} +5× \boxed{5}$

$= \boxed{2400} + \boxed{500} + \boxed{25}$

$= \boxed{2925}$

❷ $38×78=30× \boxed{70} +8× \boxed{100} +8× \boxed{8}$

$= \boxed{2100} + \boxed{800} + \boxed{64} = \boxed{2964}$

❸ $54×54=50× \boxed{50} +4× \boxed{100} +4× \boxed{4}$

$= \boxed{2500} + \boxed{400} + \boxed{16} = \boxed{2916}$

❹ $49×69=40× \boxed{60} +9× \boxed{100} +9× \boxed{9}$

$= \boxed{2400} + \boxed{900} + \boxed{81} = \boxed{3381}$

❺ $88×28=80× \boxed{20} +8× \boxed{100} +8× \boxed{8}$

$= \boxed{1600} + \boxed{800} + \boxed{64} = \boxed{2464}$

🐾 간단한 세 개의 곱의 합으로 계산해 보세요.

❶ $32×72=30× \boxed{70} + \boxed{2} × \boxed{100} +2×2$

$= \boxed{2100} + \boxed{200} + \boxed{4} = \boxed{2304}$

❷ $13×93=10× \boxed{90} +3× \boxed{100} +3×3$

$= \boxed{900} + \boxed{300} + \boxed{9} = \boxed{1209}$

❸ $27×87=20× \boxed{80} + \boxed{7} × \boxed{100} +7×7$

$= \boxed{1600} + \boxed{700} + \boxed{49} = \boxed{2349}$

❹ $68×48=60× \boxed{40} + \boxed{8} × \boxed{100} +8×8$

$= \boxed{2400} + \boxed{800} + \boxed{64} = \boxed{3264}$

❺ $56×56=50× \boxed{50} + \boxed{6} × \boxed{100} +6×6$

$= \boxed{2500} + \boxed{600} + \boxed{36} = \boxed{3136}$

❻ $79×39=70× \boxed{30} + \boxed{9} × \boxed{100} +9×9$

$= \boxed{2100} + \boxed{900} + \boxed{81} = \boxed{3081}$

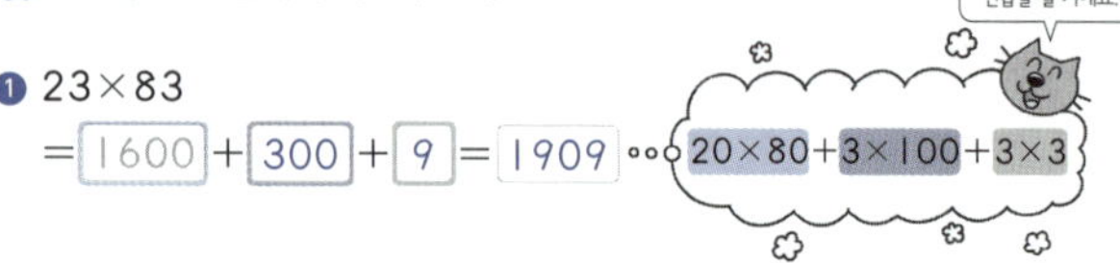

17 비법 써먹기
단계를 하나 줄여 볼까

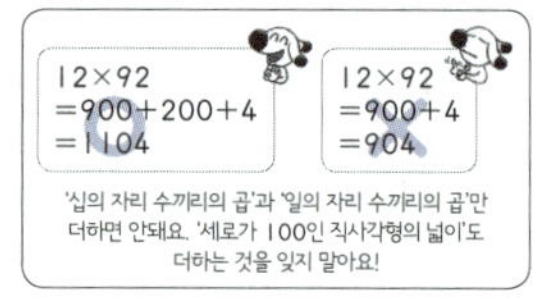

🐾 단계를 하나 줄여서 계산해 보세요.

❶ 23×83
$= \boxed{1600} + \boxed{300} + \boxed{9} = \boxed{1909}$ ○○○ $\boxed{20 \times 80} + \boxed{3 \times 100} + \boxed{3 \times 3}$

❷ 45×65
$= \boxed{2400} + \boxed{500} + \boxed{25}$
$= \boxed{2925}$

❸ 72×32
$= \boxed{2100} + \boxed{200} + \boxed{4}$
$= \boxed{2304}$

❹ 59×59
$= \boxed{2500} + \boxed{900} + \boxed{81}$
$= \boxed{3481}$

❺ 66×46
$= \boxed{2400} + \boxed{600} + \boxed{36}$
$= \boxed{3036}$

❻ 98×18
$= \boxed{900} + \boxed{800} + \boxed{64}$
$= \boxed{1764}$

❼ 87×27
$= \boxed{1600} + \boxed{700} + \boxed{49}$
$= \boxed{2349}$

🐾 단계를 하나 줄여서 계산해 보세요.

❶ 12×92
$= \boxed{900} + \boxed{200} + \boxed{4}$
$= \boxed{1104}$

12×92	12×92
$= 900 + 200 + 4$	$= 900 + 4$
$= 1104$	$= 904$

'십의 자리 수끼리의 곱'과 '일의 자리 수끼리의 곱'만 더하면 안돼요. '세로가 100인 직사각형의 넓이'도 더하는 것을 잊지 말아요!

❷ 36×76
$= \boxed{2100} + \boxed{600} + \boxed{36}$
$= \boxed{2736}$

❸ 63×43
$= \boxed{2400} + \boxed{300} + \boxed{9}$
$= \boxed{2709}$

❹ 77×37
$= \boxed{2100} + \boxed{700} + \boxed{49}$
$= \boxed{2849}$

❺ 58×58
$= \boxed{2500} + \boxed{800} + \boxed{64}$
$= \boxed{3364}$

❻ 84×24
$= \boxed{1600} + \boxed{400} + \boxed{16}$
$= \boxed{2016}$

❼ 99×19
$= \boxed{900} + \boxed{900} + \boxed{81}$
$= \boxed{1881}$

18 비법 써먹기
세로를 100으로 만들면 쉬운 99단

🐾 단계를 줄여서 계산해 보세요.

❶ $34 \times 74 = 2100 + 400 + 16$
$\quad = 2516$

❷ $13 \times 93 = 900 + 300 + 9$
$\quad = 1209$

❸ $41 \times 61 = 2400 + 100 + 1$
$\quad = 2501$

❹ $52 \times 52 = 2500 + 200 + 4$
$\quad = 2704$

❺ $25 \times 85 = 1600 + 500 + 25$
$\quad = 2125$

❻ $68 \times 48 = 2400 + 800 + 64$
$\quad = 3264$

❼ $86 \times 26 = 1600 + 600 + 36$
$\quad = 2236$

❽ $79 \times 39 = 2100 + 900 + 81$
$\quad = 3081$

❾ $97 \times 17 = 900 + 700 + 49$
$\quad = 1649$

🐾 계산을 바르게 한 친구를 찾아 ○표 하세요.

❶

$(\quad)$　$(\ ○\ )$

$23 \times 83 = 20 \times 80 + 3 \times 100 + 3 \times 3$
$\quad = 1600 + 300 + 9 = 1909$

❷

$(\quad)$　$(\ ○\ )$

$15 \times 95 = 900 + 500 + 25 = 1425$

19 비법의 완성
암산으로 답을 바로 써 볼까

이제 덧셈식으로 나타내는 과정도 한 단계 줄여 볼 거예요.
3초 만에 답이 나오는 빠른 셈에 도전해 봐요!

보기 와 같이 3초 계산법으로 풀어 보세요.

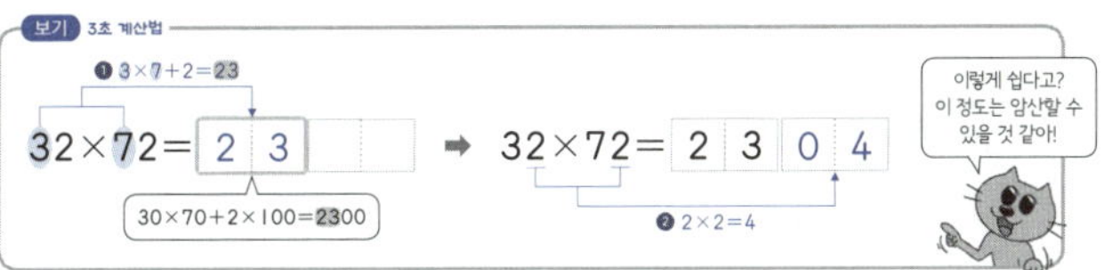

보기 3초 계산법

$32 \times 72 = 23$ ❶ $3\times7+2=23$ → $32 \times 72 = 2304$ ❷ $2\times2=4$

$30\times70+2\times100=2300$

❶ $1\times9+$(일의 자리 수)
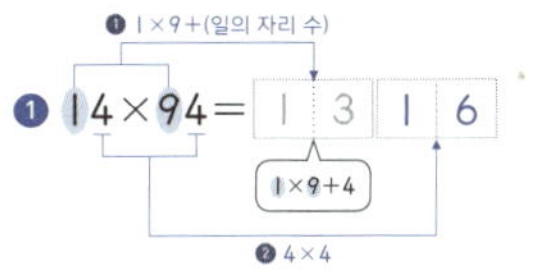
1 $14 \times 94 = 1316$
$1\times9+4$
❷ 4×4

❶ $2\times8+$(일의 자리 수)
2 $25 \times 85 = 2125$
❷ 5×5

❶ $4\times6+$(일의 자리 수)
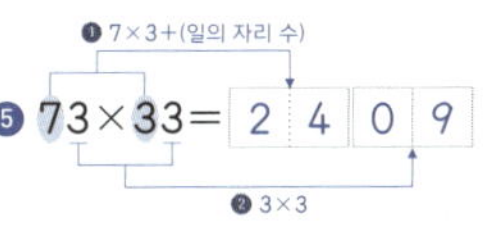
3 $47 \times 67 = 3149$
❷ 7×7

❶ $5\times5+$(일의 자리 수)
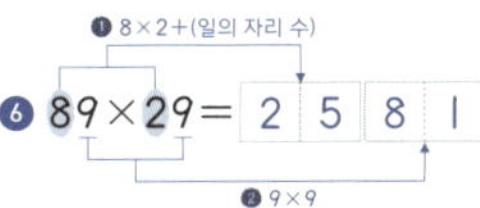
4 $56 \times 56 = 3136$
❷ 6×6

❶ $7\times3+$(일의 자리 수)
5 $73 \times 33 = 2409$
❷ 3×3

❶ $8\times2+$(일의 자리 수)
6 $89 \times 29 = 2581$
❷ 9×9

3초 계산법으로 풀어 보세요.

❶ $1\times9+$(일의 자리 수)
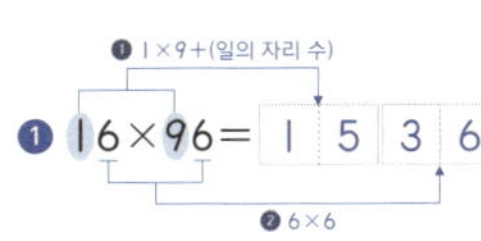
1 $16 \times 96 = 1536$
❷ 6×6

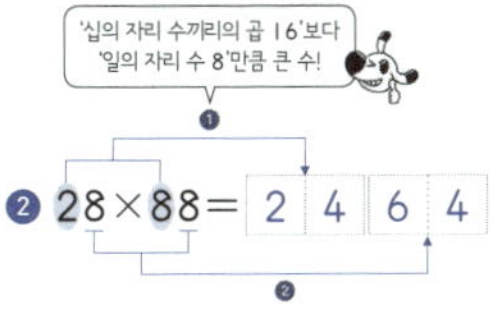
2 $28 \times 88 = 2464$

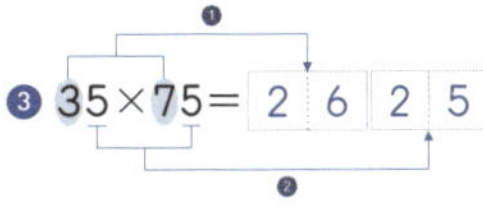
3 $35 \times 75 = 2625$

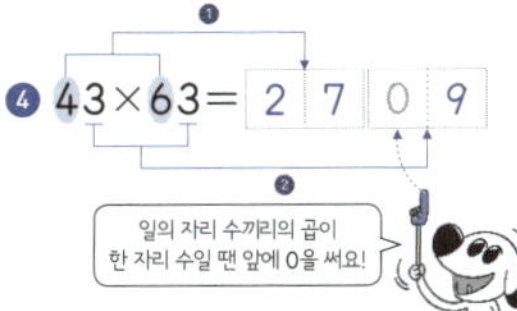
4 $43 \times 63 = 2709$

5 $62 \times 42 = 2604$

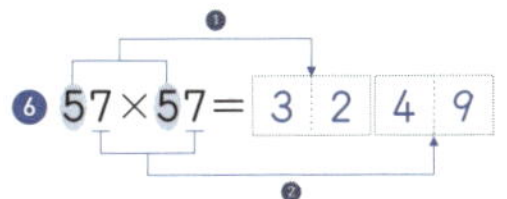
6 $57 \times 57 = 3249$

7 $84 \times 24 = 2016$

8 $91 \times 11 = 1001$

---

20 비법의 완성
세로셈도 암산으로 답을 바로 써 볼까

이번에는 세로셈도 암산으로 답을 바로 써 볼 거예요.
암산하는 방법은 가로셈과 같으니 익숙해지도록 연습해 봐요.

보기 와 같이 3초 계산법으로 풀어 보세요.

보기 3초 계산법

$$\begin{array}{r} 6\ 7 \\ \times\ 4\ 7 \\ \hline 3\ 1\ \end{array} \rightarrow \begin{array}{r} 6\ 7 \\ \times\ 4\ 7 \\ \hline 3\ 1\ 4\ 9 \end{array}$$
❶ $6\times4+7=31$ ❷ $7\times7=49$

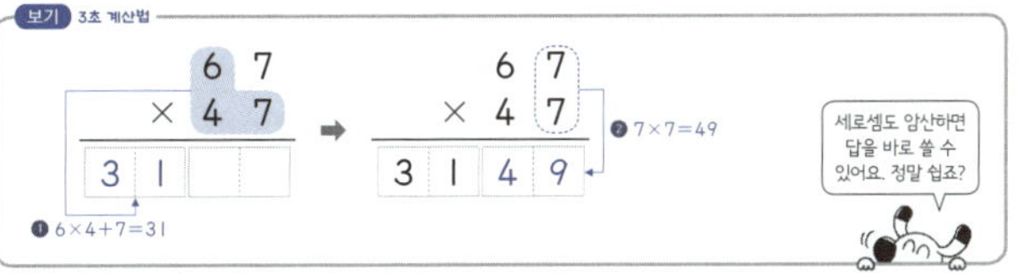
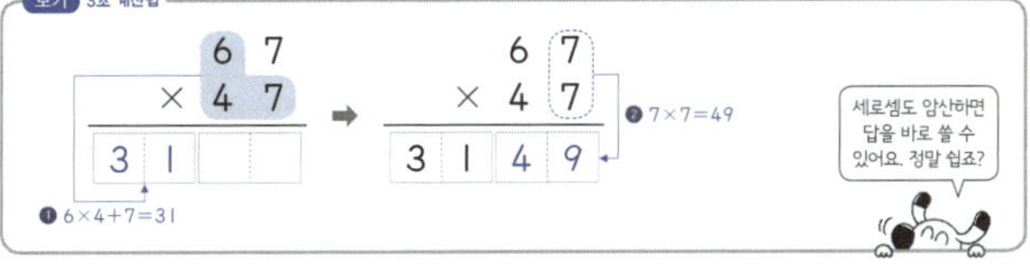

1
$$\begin{array}{r} 3\ 6 \\ \times\ 7\ 6 \\ \hline 2\ 7\ 3\ 6 \end{array}$$ ❷ 6×6
❶ $3\times7+$(일의 자리 수)
$3\times7+6$

2
$$\begin{array}{r} 2\ 5 \\ \times\ 8\ 5 \\ \hline 2\ 1\ 2\ 5 \end{array}$$ ❷ 5×5
❶ $2\times8+$(일의 자리 수)

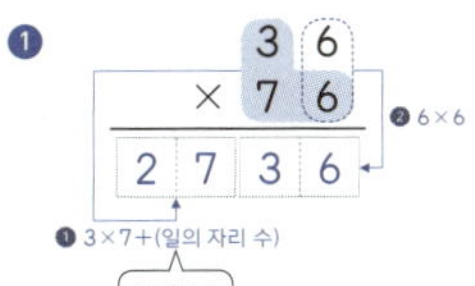
3
$$\begin{array}{r} 4\ 9 \\ \times\ 6\ 9 \\ \hline 3\ 3\ 8\ 1 \end{array}$$ ❷ 9×9
❶ $4\times6+$(일의 자리 수)

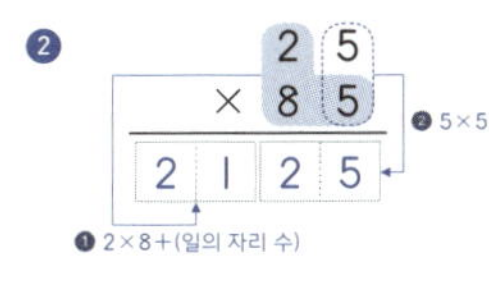
4
$$\begin{array}{r} 5\ 3 \\ \times\ 5\ 3 \\ \hline 2\ 8\ 0\ 9 \end{array}$$ ❷ 3×3
❶ $5\times5+$(일의 자리 수)

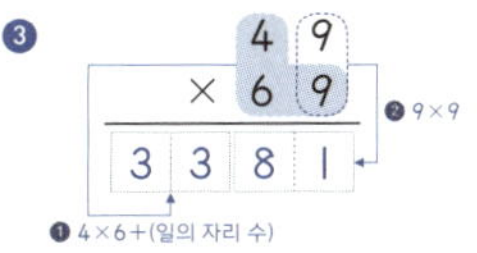
5
$$\begin{array}{r} 7\ 4 \\ \times\ 3\ 4 \\ \hline 2\ 5\ 1\ 6 \end{array}$$ ❷ 4×4
❶ $7\times3+$(일의 자리 수)

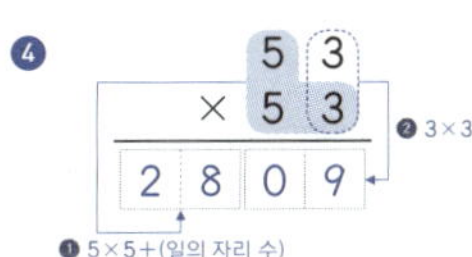
6
$$\begin{array}{r} 8\ 8 \\ \times\ 2\ 8 \\ \hline 2\ 4\ 6\ 4 \end{array}$$ ❷ 8×8
❶ $8\times2+$(일의 자리 수)

3초 계산법으로 풀어 보세요.

1
$$\begin{array}{r} 1\ 6 \\ \times\ 9\ 6 \\ \hline 1\ 5\ 3\ 6 \end{array}$$ ❷ 6×6
❶ $1\times9+6$

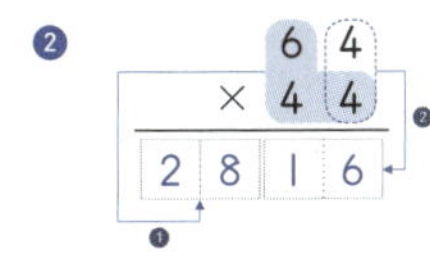
2
$$\begin{array}{r} 6\ 4 \\ \times\ 4\ 4 \\ \hline 2\ 8\ 1\ 6 \end{array}$$

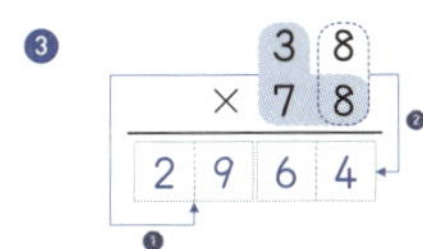
3
$$\begin{array}{r} 3\ 8 \\ \times\ 7\ 8 \\ \hline 2\ 9\ 6\ 4 \end{array}$$

4
$$\begin{array}{r} 5\ 2 \\ \times\ 5\ 2 \\ \hline 2\ 7\ 0\ 4 \end{array}$$

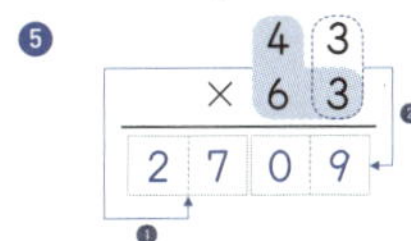
5
$$\begin{array}{r} 4\ 3 \\ \times\ 6\ 3 \\ \hline 2\ 7\ 0\ 9 \end{array}$$

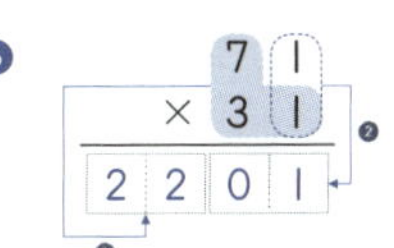
6
$$\begin{array}{r} 7\ 1 \\ \times\ 3\ 1 \\ \hline 2\ 2\ 0\ 1 \end{array}$$

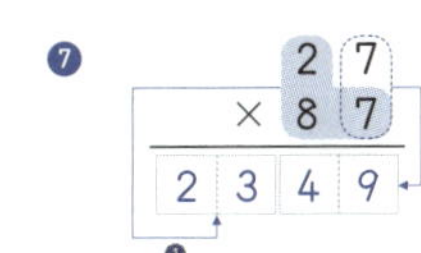
7
$$\begin{array}{r} 2\ 7 \\ \times\ 8\ 7 \\ \hline 2\ 3\ 4\ 9 \end{array}$$

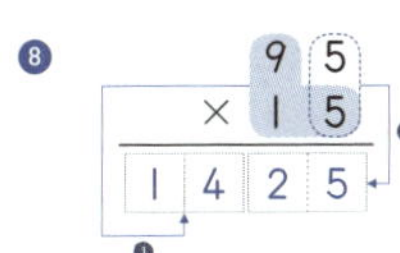
8
$$\begin{array}{r} 9\ 5 \\ \times\ 1\ 5 \\ \hline 1\ 4\ 2\ 5 \end{array}$$

 21 비법의 완성

답이 바로 나오는 99단 3초 계산법 1

가로셈과 세로셈을 다시 풀면서 비법을 완성해 봐요!
3초 계산법을 연습하면 빠르게 답을 구할 수 있을 거예요.

🐾 3초 계산법으로 풀어 보세요.

❶ 15×95= 1 4 2 5   ❷ 62×42= 2 6 0 4

❸ 27×87= 2 3 4 9   ❹ 51×51= 2 6 0 1

❺ 34×74= 2 5 1 6   ❻ 48×68= 3 2 6 4

❼ 96×16= 1 5 3 6   ❽ 55×55= 3 0 2 5

❾ 73×33= 2 4 0 9   ❿ 89×29= 2 5 8 1

🐾 3초 계산법으로 풀어 보세요.

❶
```
    2 2
  × 8 2
  1 8 0 4
```

❷
```
    1 1
  × 9 1
  1 0 0 1
```

❸
```
    4 5
  × 6 5
  2 9 2 5
```

❹
```
    5 3
  × 5 3
  2 8 0 9
```

❺
```
    6 6
  × 4 6
  3 0 3 6
```

❻
```
    9 9
  × 1 9
  1 8 8 1
```

❼
```
    8 8
  × 2 8
  2 4 6 4
```

❽
```
    7 7
  × 3 7
  2 8 4 9
```

 22 비법의 완성

답이 바로 나오는 99단 3초 계산법 2

이제 99단 곱셈을 3초 만에 풀 수 있나요?
빠르게 집중해서 풀어 봐요!

🐾 3초 계산법으로 풀어 보세요.

❶ 24×84= 2 0 1 6   ❷ 43×63= 2 7 0 9

❸ 55×55= 3 0 2 5   ❹ 66×46= 3 0 3 6

❺ 42×62= 2 6 0 4   ❻ 71×31= 2 2 0 1

❼ 97×17= 1 6 4 9   ❽ 39×79= 3 0 8 1

❾ 58×58= 3 3 6 4   ❿ 86×26= 2 2 3 6

🐾 3초 계산법으로 풀어 보세요.

❶
```
    1 3
  × 9 3
  1 2 0 9
```

❷
```
    3 2
  × 7 2
  2 3 0 4
```

❸
```
    6 1
  × 4 1
  2 5 0 1
```

❹
```
    5 2
  × 5 2
  2 7 0 4
```

❺
```
    7 6
  × 3 6
  2 7 3 6
```

❻
```
    4 7
  × 6 7
  3 1 4 9
```

❼
```
    9 8
  × 1 8
  1 7 6 4
```

❽
```
    8 9
  × 2 9
  2 5 8 1
```

비법의 완성!
정말 대단해요!

23 비법의 시작
모든 99단을 빠르게 푸는 단 하나의 비법!

그림을 이용하면 99단 곱셈을 계산이 쉬운 '간단한 수들의 합'으로 나타낼 수 있어요.

🐾 모든 경우의 99단 곱셈을 쉽게 계산하는 99단 곱셈법의 원리를 알아보세요.

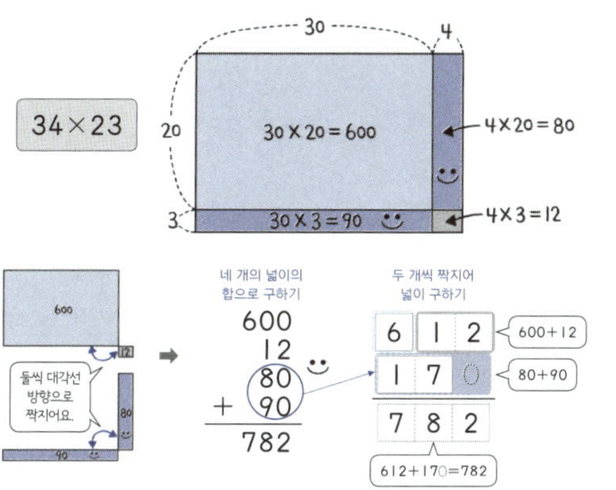

🐶 스마일 신공!
$3×3=9$
★ $34×23=$
6 1 2
1 7 0
7 8 2
$4×2=8$

십의 자리 수끼리의 곱
일의 자리 수끼리의 곱
🎓 스마일 신공!
99단을 간단하게 계산하기 위해 ◡의 곱의 합을 이용하는 방법이에요. 앞으로 '스마일 신공'이라고 부를게요.

🐾 99단 곱셈법의 원리를 이용하여 계산해 보세요.

❶ 27×15

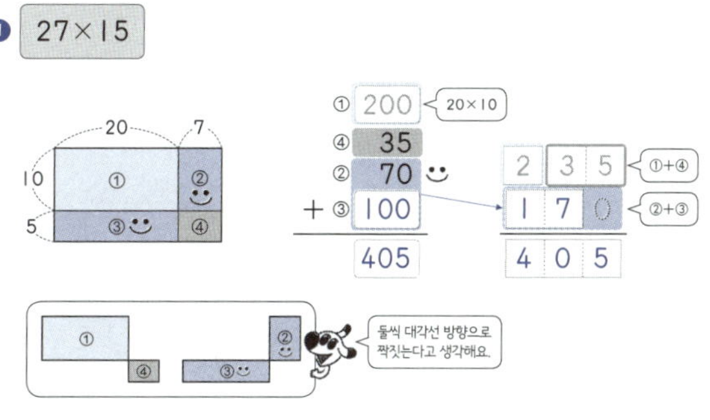

❷ 43×62

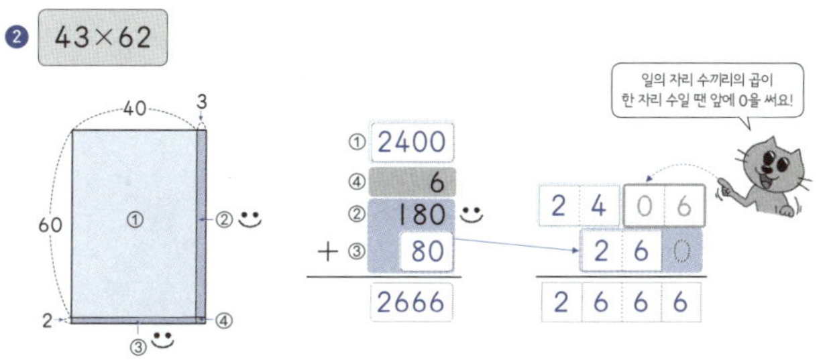

➕전략노트 둘씩 대각선 방향으로 짝지어 더하면 99단 곱셈 계산이 쉬워져!

24 비법의 시작
둘씩 대각선 방향으로 짝지어 더하면 쉬워

빠른 셈으로 가기 위한 준비 단계예요. 원리를 알고 이용하는 것과 모르고 식만 외우는 것은 하늘과 땅 차이!

🐾 99단 곱셈법의 원리를 이용하여 계산해 보세요.

❶ 24×35

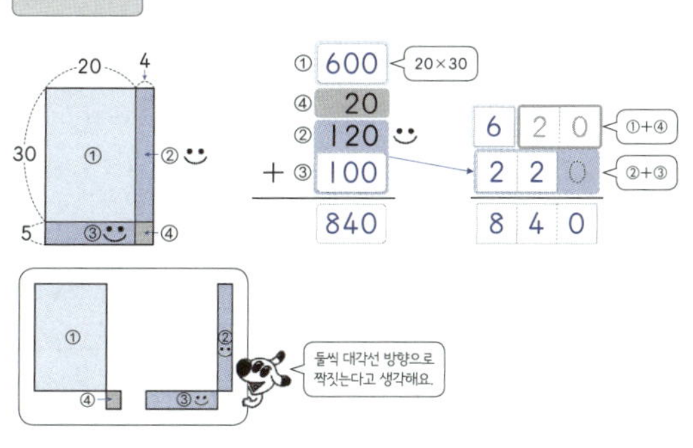

❷ 42×23

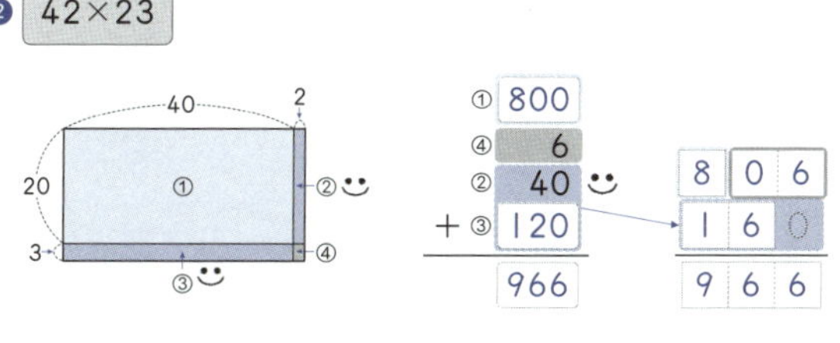

🐾 99단 곱셈법의 원리를 이용하여 계산해 보세요.

❶ 36×58

❷ 65×49

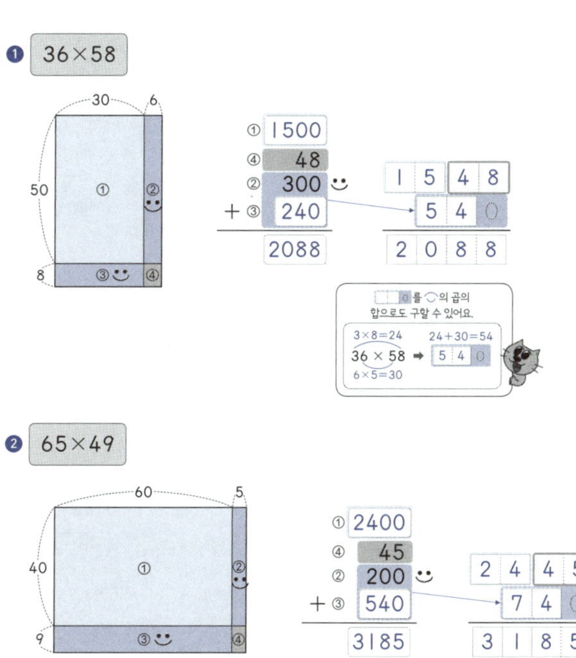

25 그림을 떠올리면 쉬운 99단 곱셈

99단 곱셈식을 보고 그림이 바로 떠오르면
언제든 빠른 99단 곱셈의 원리를 이용할 수 있을 거예요.

😺 같은 값을 나타내는 것끼리 선으로 잇고 답을 구해 보세요.

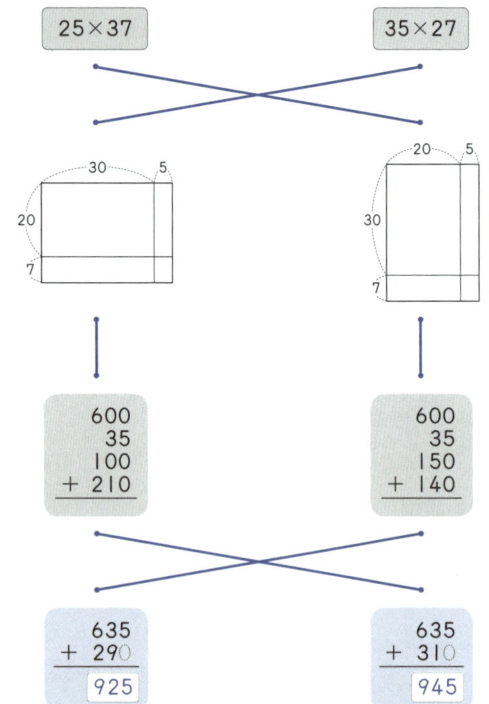

😺 같은 값을 나타내는 것끼리 선으로 잇고 답을 구해 보세요.

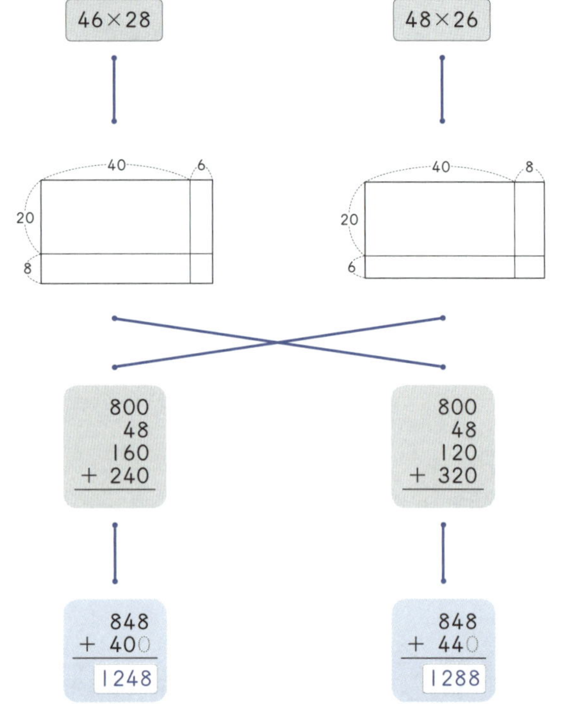

26 답을 빠르게 구해 볼까 1

이제 식을 보고 바로 계산이 쉬운 '간단한 두 수의 합'으로 나타내어 푸는 연습을 할 거예요.
5초 만에 답이 나오는 빠른 셈에 도전해 봐요!

😺 보기 와 같이 5초 계산법으로 풀어 보세요.

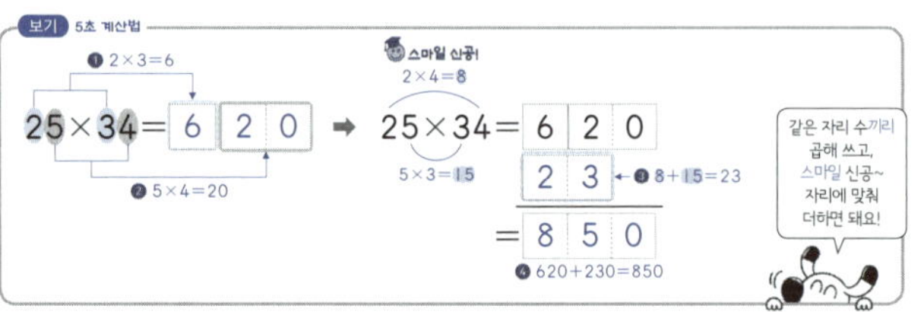

😺 5초 계산법으로 풀어 보세요.

❶ 15×23= 2 | 5
1 3 ←❷〇의 곱의 합
= 3 4 5 ❸ (3+10)

❷ 47×12= 4 | 4
1 5 ←❷〇의 곱의 합
= 5 6 4 ❸

❶ 28×12= 2 | 6
1 2 ←❷〇의 곱의 합
= 3 3 6

❷ 14×31= 3 0 4
1 3
= 4 3 4

❸ 53×14= 5 | 2
2 3 ←❷〇의 곱의 합
= 7 4 2 ❸

❹ 32×25= 6 | 0
1 9 ←❷〇의 곱의 합
= 8 0 0 ❸

❸ 42×13= 4 0 6
1 4
= 5 4 6

❹ 26×23= 4 | 8
1 8
= 5 9 8

❺ 29×28= 4 7 2
3 4 ←❷〇의 곱의 합
= 8 1 2 ❸

❻ 16×62= 6 | 2
3 8 ←❷〇의 곱의 합
= 9 9 2 ❸

❺ 35×24= 6 2 0
2 2
= 8 4 0

❻ 17×53= 5 2 |
3 8
= 9 0 1

❼ 24×41= 8 0 4
1 8
= 9 8 4

❽ 37×26= 6 4 2
3 2
= 9 6 2

27 비법의 완성

답을 빠르게 구해 볼까 2

그림을 떠올리면 계산하는 방법을 기억하기 쉬울 거예요.
둘씩 대각선 방향으로 짝지어 더하면 쉬워요.

🐾 5초 계산법으로 풀어 보세요.

① $32 \times 24 =$ 6 0 8
16
$= 7\ 6\ 8$

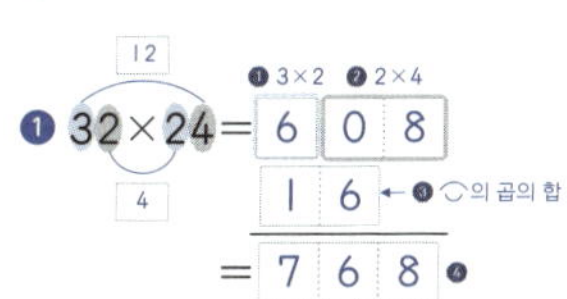

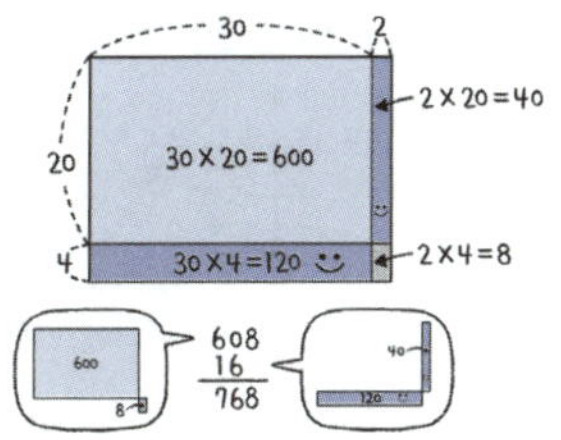

② $52 \times 13 =$ 5 0 6
17
$= 6\ 7\ 6$

③ $19 \times 37 =$ 3 6 3
34
$= 7\ 0\ 3$

④ $45 \times 16 =$ 4 3 0
29
$= 7\ 2\ 0$

⑤ $28 \times 29 =$ 4 7 2
34
$= 8\ 1\ 2$

⑥ $26 \times 34 =$ 6 2 4
26
$= 8\ 8\ 4$

⑦ $47 \times 21 =$ 8 0 7
18
$= 9\ 8\ 7$

🐾 5초 계산법으로 풀어 보세요.

① $16 \times 32 =$ 3 1 2
20
$= 5\ 1\ 2$

② $25 \times 23 =$ 4 1 5
16
$= 5\ 7\ 5$

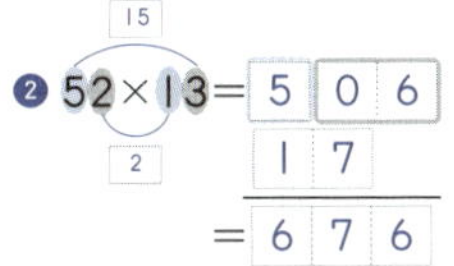

③ $46 \times 14 =$ 4 2 4
22
$= 6\ 4\ 4$

④ $13 \times 53 =$ 5 0 9
18
$= 6\ 8\ 9$

⑤ $34 \times 22 =$ 6 0 8
14
$= 7\ 4\ 8$

⑥ $29 \times 27 =$ 4 6 3
32
$= 7\ 8\ 3$

⑦ $24 \times 41 =$ 8 0 4
18
$= 9\ 8\ 4$

⑧ $58 \times 16 =$ 5 4 8
38
$= 9\ 2\ 8$

28 비법의 완성

답을 빠르게 구해 볼까 3

속도를 조금 높여 볼까요?
스마일 모양으로 곱한 값을 살짝 적어 봐도 좋아요.

🐾 5초 계산법으로 풀어 보세요.

① $17 \times 24 =$ 2 2 8
18
$= 4\ 0\ 8$

② $52 \times 13 =$ 5 0 6
17
$= 6\ 7\ 6$

③ $15 \times 46 =$ 4 3 0
26
$= 6\ 9\ 0$

④ $29 \times 27 =$ 4 6 3
32
$= 7\ 8\ 3$

⑤ $22 \times 39 =$ 6 1 8
24
$= 8\ 5\ 8$

⑥ $32 \times 28 =$ 6 1 6
28
$= 8\ 9\ 6$

⑦ $41 \times 23 =$ 8 0 3
14
$= 9\ 4\ 3$

⑧ $28 \times 34 =$ 6 3 2
32
$= 9\ 5\ 2$

🐾 5초 계산법으로 풀어 보세요.

① $42 \times 15 =$ 4 1 0
22
$= 6\ 3\ 0$

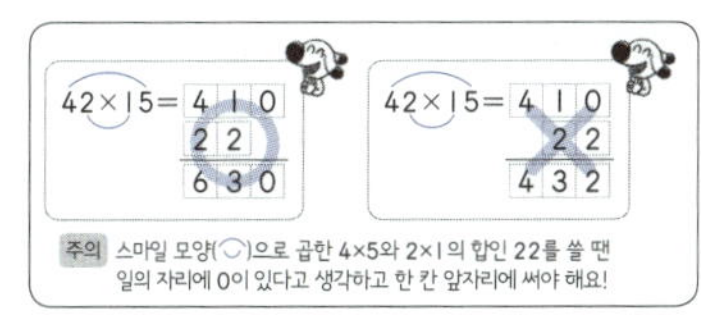

주의 스마일 모양(♡)으로 곱한 4×5와 2×1의 합인 22를 쓸 땐
일의 자리에 0이 있다고 생각하고 한 칸 앞자리에 써야 해요!

② $21 \times 36 =$ 6 0 6
15
$= 7\ 5\ 6$

③ $17 \times 38 =$ 3 5 6
29
$= 6\ 4\ 6$

④ $29 \times 28 =$ 4 7 2
34
$= 8\ 1\ 2$

⑤ $37 \times 23 =$ 6 2 1
23
$= 8\ 5\ 1$

⑥ $22 \times 45 =$ 8 1 0
18
$= 9\ 9\ 0$

⑦ $52 \times 19 =$ 5 1 8
47
$= 9\ 8\ 8$

29 비법의 완성
답을 빠르게 구해 볼까 4

🐾 5초 계산법으로 풀어 보세요.

❶ $16 \times 28 =$ | 2 | 4 | 8 |, 8, 12, | 2 | 0 |, = | 4 | 4 | 8 |

❷ $37 \times 18 =$ | 3 | 5 | 6 |, | 3 | 1 |, = | 6 | 6 | 6 |

❸ $13 \times 53 =$ | 5 | 0 | 9 |, | 1 | 8 |, = | 6 | 8 | 9 |

❹ $43 \times 17 =$ | 4 | 2 | 1 |, | 3 | 1 |, = | 7 | 3 | 1 |

❺ $24 \times 32 =$ | 6 | 0 | 8 |, | 1 | 6 |, = | 7 | 6 | 8 |

❻ $29 \times 29 =$ | 4 | 8 | 1 |, | 3 | 6 |, = | 8 | 4 | 1 |

❼ $16 \times 61 =$ | 6 | 0 | 6 |, | 3 | 7 |, = | 9 | 7 | 6 |

❽ $35 \times 26 =$ | 6 | 3 | 0 |, | 2 | 8 |, = | 9 | 1 | 0 |

🐾 5초 계산법으로 풀어 보세요.

❶ $34 \times 15 =$ | 3 | 2 | 0 |, | 1 | 9 |, = | 5 | 1 | 0 |

❷ $23 \times 27 =$ | 4 | 2 | 1 |, | 2 | 0 |, = | 6 | 2 | 1 |

❸ $12 \times 61 =$ | 6 | 0 | 2 |, | 1 | 3 |, = | 7 | 3 | 2 |

❹ $24 \times 33 =$ | 6 | 1 | 2 |, | 1 | 8 |, = | 7 | 9 | 2 |

❺ $19 \times 46 =$ | 4 | 5 | 4 |, | 4 | 2 |, = | 8 | 7 | 4 |

❻ $55 \times 17 =$ | 5 | 3 | 5 |, | 4 | 0 |, = | 9 | 3 | 5 |

❼ $23 \times 42 =$ | 8 | 0 | 6 |, | 1 | 6 |, = | 9 | 6 | 6 |

❽ $34 \times 29 =$ | 6 | 3 | 6 |, | 3 | 5 |, = | 9 | 8 | 6 |

30 비법의 완성
곱이 커도 구하는 방법은 같아 1

🐾 보기 와 같이 5초 계산법으로 풀어 보세요.

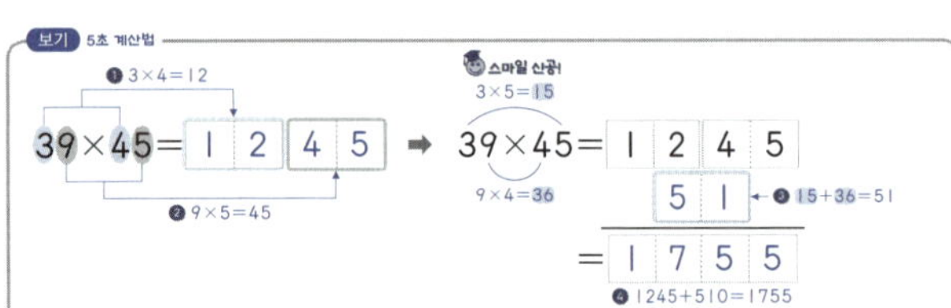

🐾 5초 계산법으로 풀어 보세요.

❶ $26 \times 53 =$, 6, 30, ❶2×5 ❷6×3, | 1 | 0 | 1 | 8 |, | 3 | 6 | ← ○의 곱의 합, = | 1 | 3 | 7 | 8 | ❶ (6+30)

❷ $35 \times 74 =$, 12, 35, ❶3×7 ❷5×4, | 2 | 1 | 2 | 0 |, | 4 | 7 | ← ○의 곱의 합, = | 2 | 5 | 9 | 0 | ❷

❸ $72 \times 38 =$, 56, 6, ❶7×3 ❷2×8, | 2 | 1 | 1 | 6 |, | 6 | 2 |, = | 2 | 7 | 3 | 6 | ❸

❹ $47 \times 67 =$, 28, 42, ❶4×6 ❷7×7, | 2 | 4 | 4 | 9 |, | 7 | 0 | ← ○의 곱의 합, = | 3 | 1 | 4 | 9 | ❹

❺ $65 \times 69 =$, 54, 30, ❶6×6 ❷5×9, | 3 | 6 | 4 | 5 |, | 8 | 4 | ← ○의 곱의 합, = | 4 | 4 | 8 | 5 | ❺

❻ $86 \times 54 =$, 32, 30, ❶8×5 ❷6×4, | 4 | 0 | 2 | 4 |, | 6 | 2 | ← ❷의 곱의 합, = | 4 | 6 | 4 | 4 | ❻

🐾 5초 계산법으로 풀어 보세요.

❶ $24 \times 62 =$, 4, 24, ❶2×6 ❷4×2, | 1 | 2 | 0 | 8 |, | 2 | 8 | ← ❶의 곱의 합, = | 1 | 4 | 8 | 8 | ❶

❷ $53 \times 34 =$, 20, 9, | 1 | 5 | 1 | 2 |, | 2 | 9 |, = | 1 | 8 | 0 | 2 |

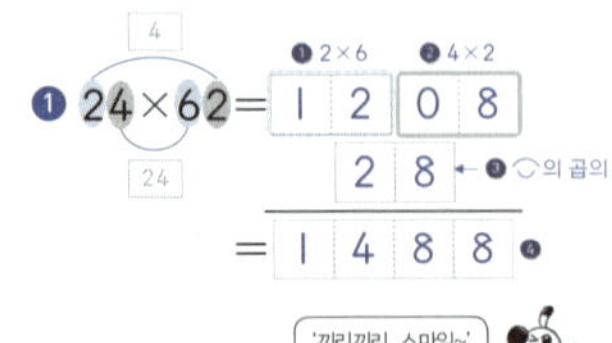

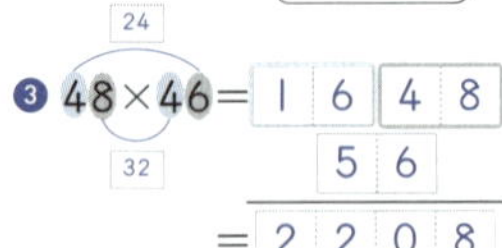

❸ $48 \times 46 =$, 24, 32, | 1 | 6 | 4 | 8 |, | 5 | 6 |, = | 2 | 2 | 0 | 8 |

❹ $68 \times 35 =$, 30, 24, | 1 | 8 | 4 | 0 |, | 5 | 4 |, = | 2 | 3 | 8 | 0 |

❺ $45 \times 87 =$, 28, 40, | 3 | 2 | 3 | 5 |, | 6 | 8 |, = | 3 | 9 | 1 | 5 |

❻ $79 \times 64 =$, 28, 54, | 4 | 2 | 3 | 6 |, | 8 | 2 |, = | 5 | 0 | 5 | 6 |

❼ $59 \times 78 =$, 40, 63, | 3 | 5 | 7 | 2 |, | 1 | 0 | 3 |, = | 4 | 6 | 0 | 2 |

❽ $89 \times 67 =$, 56, 54, | 4 | 8 | 6 | 3 |, | 1 | 1 | 0 |, = | 5 | 9 | 6 | 3 |

31 비법의 완성
곱이 커도 구하는 방법은 같아 2

그림을 떠올리면 계산하는 방법을 기억하기 쉬울 거예요.
둘씩 대각선 방향으로 짝지어 더하면 쉬워요.

🐾 5초 계산법으로 풀어 보세요.

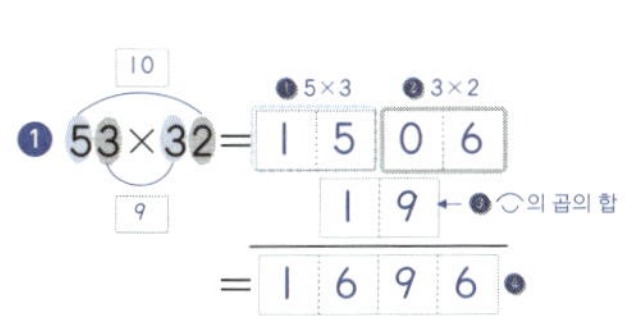

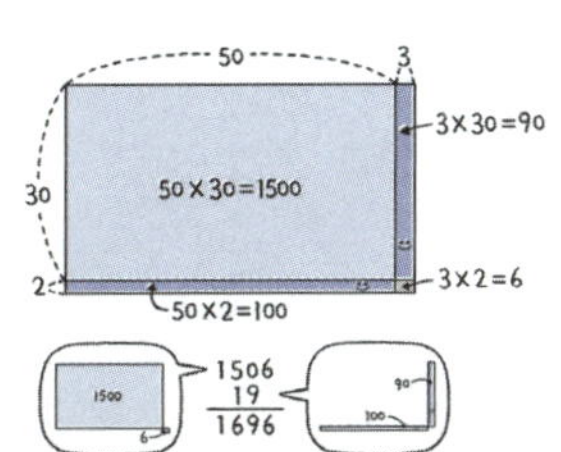

① 53×32 = 1506 / 19 ← ○의 곱의 합 / = 1696 ●

② 39×45 = 1245 / 51 / = 1755
③ 87×28 = 1656 / 78 / = 2436

④ 43×81 = 3203 / 28 / = 3483
⑤ 72×58 = 3516 / 66 / = 4176

⑥ 65×96 = 5430 / 81 / = 6240
⑦ 87×59 = 4063 / 107 / = 5133

🐾 5초 계산법으로 풀어 보세요.

① 27×38 = 656 / 37 / = 1026
② 57×32 = 1514 / 31 / = 1824

③ 43×56 = 2018 / 39 / = 2408
④ 29×89 = 1681 / 90 / = 2581

⑤ 68×65 = 3640 / 78 / = 4420
⑥ 84×93 = 7212 / 60 / = 7812

⑦ 69×78 = 4272 / 111 / = 5382
⑧ 97×86 = 7242 / 110 / = 8342

32 비법의 완성
곱이 커도 구하는 방법은 같아 3

속도를 조금 높여 볼까요? 스마일 모양으로 곱한 값을 살짝 적어 봐도 좋아요.

🐾 5초 계산법으로 풀어 보세요.

① 49×32 = 1218 / 35 / = 1568
② 21×83 = 1603 / 14 / = 1743

③ 65×34 = 1820 / 39 / = 2210
④ 57×59 = 2563 / 80 / = 3363

⑤ 43×97 = 3621 / 55 / = 4171
⑥ 92×56 = 4512 / 64 / = 5152

⑦ 66×99 = 5454 / 108 / = 6534
⑧ 79×88 = 5672 / 128 / = 6952

🐾 5초 계산법으로 풀어 보세요.

① 38×34 = 932 / 36 / = 1292
② 23×67 = 1221 / 32 / = 1541

③ 46×58 = 2048 / 62 / = 2668
④ 75×49 = 2845 / 83 / = 3675

⑤ 57×86 = 4042 / 86 / = 4902
⑥ 82×74 = 5608 / 46 / = 6068

⑦ 68×98 = 5464 / 120 / = 6664
⑧ 96×87 = 7242 / 111 / = 8352

33 비법의 완성
곱이 커도 구하는 방법은 같아 4

이제 '간단한 두 수의 합'으로 푸는 99단 곱셈이 익숙해졌나요?
빠르게 집중해서 풀어 봐요!

🐾 5초 계산법으로 풀어 보세요.

❶ 45×23 = 8 1 5
  2 2
  = 1 0 3 5

❷ 36×47 = 1 2 4 2
  4 5
  = 1 6 9 2

❸ 53×39 = 1 5 2 7
  5 4
  = 2 0 6 7

❹ 37×92 = 2 7 1 4
  6 9
  = 3 4 0 4

❺ 75×62 = 4 2 1 0
  4 4
  = 4 6 5 0

❻ 65×96 = 5 4 3 0
  8 1
  = 6 2 4 0

❼ 86×87 = 6 4 4 2
  1 0 4
  = 7 4 8 2

❽ 95×98 = 8 1 4 0
  1 1 7
  = 9 3 1 0

🐾 5초 계산법으로 풀어 보세요.

❶ 74×25 = 1 4 2 0
  4 3
  = 1 8 5 0

❷ 52×53 = 2 5 0 6
  2 5
  = 2 7 5 6

❸ 43×67 = 2 4 2 1
  4 6
  = 2 8 8 1

❹ 92×36 = 2 7 1 2
  6 0
  = 3 3 1 2

❺ 64×68 = 3 6 3 2
  7 2
  = 4 3 5 2

❻ 88×73 = 5 6 2 4
  8 0
  = 6 4 2 4

❼ 79×97 = 6 3 6 3
  1 3 0
  = 7 6 6 3

❽ 98×89 = 7 2 7 2
  1 4 5
  = 8 7 2 2

34 비법의 완성
세로셈은 크로스 모양으로 빠르게 1

이번에는 세로셈도 답을 빠르게 구해 볼 거예요.
가로셈일 때 '스마일 모양'의 곱이 세로셈일 때는 '크로스 모양'으로 바뀐다고 기억해요!

🐾 보기 와 같이 5초 계산법으로 풀어 보세요.

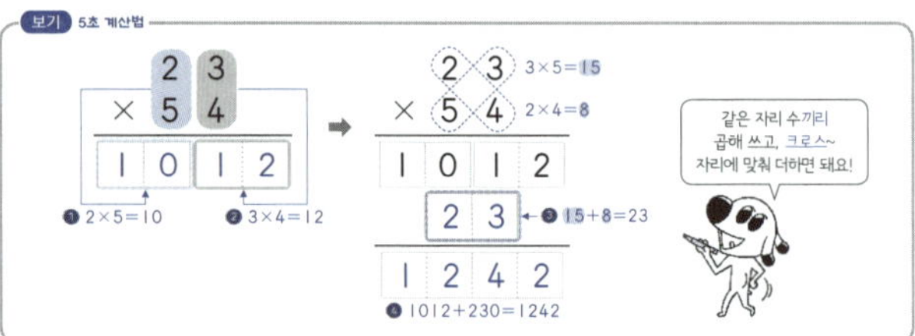

🐾 5초 계산법으로 풀어 보세요.

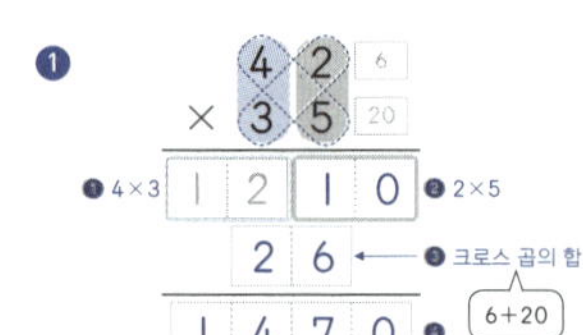

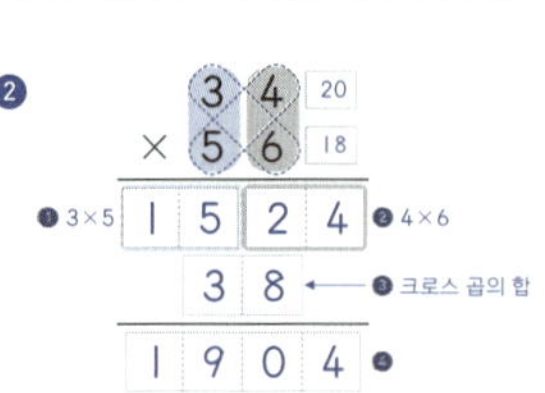

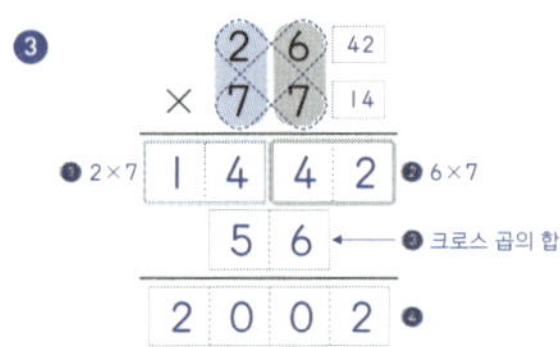

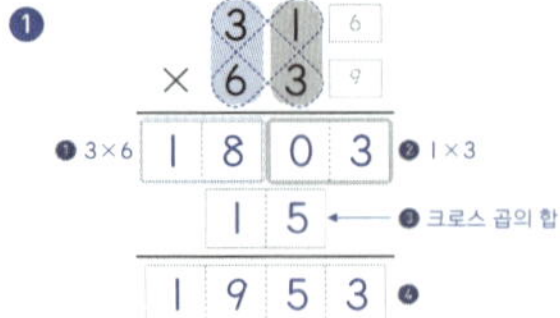

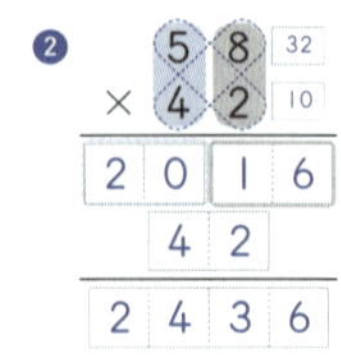

 **35** 비법의 완성

세로셈은 크로스 모양으로 빠르게 2

크로스 모양의 곱을 살짝 쓰고, 두 곱의 합은 암산해요.
식을 세우는 원리는 가로셈과 같으니 익숙해지도록 연습해 봐요.

🐾 5초 계산법으로 풀어 보세요.

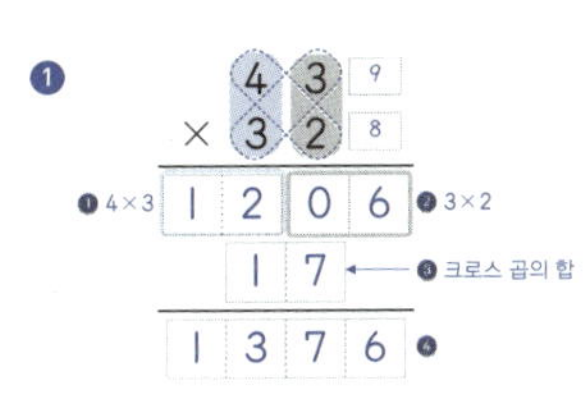

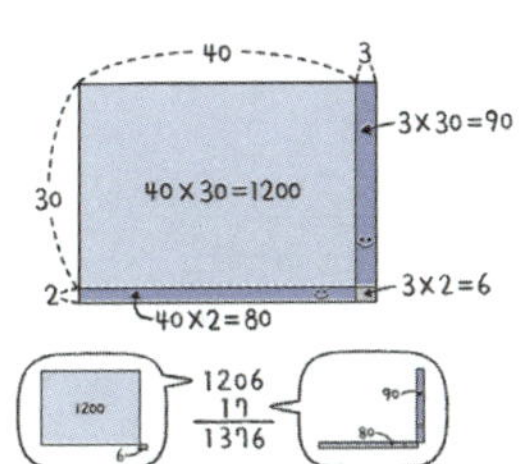

① 4×3 ❶ | 1 2 0 6 | ❷ 3×2
1 7 ← ❸ 크로스 곱의 합
1 3 7 6 ❹

② | 3 5 | 30
× | 6 4 | 12
1 8 2 0
4 2
2 2 4 0

③ | 8 4 | 16
× | 4 3 | 24
3 2 1 2
4 0
3 6 1 2

④ | 5 6 | 54
× | 9 7 | 35
4 5 4 2
8 9
5 4 3 2

⑤ | 7 8 | 40
× | 5 9 | 63
3 5 7 2
1 0 3
4 6 0 2

🐾 5초 계산법으로 풀어 보세요.

① | 2 8 | 40
× | 5 4 | 8
1 0 3 2
4 8
1 5 1 2

② | 4 7 | 42
× | 6 2 | 8
2 4 1 4
5 0
2 9 1 4

③ | 9 5 | 15
× | 3 6 | 54
2 7 3 0
6 9
3 4 2 0

④ | 6 3 | 21
× | 7 1 | ·
4 2 0 3
2 7
4 4 7 3

⑤ | 8 5 | 35
× | 7 9 | 72
5 6 4 5
1 0 7
6 7 1 5

⑥ | 9 8 | 64
× | 8 6 | 54
7 2 4 8
1 1 8
8 4 2 8

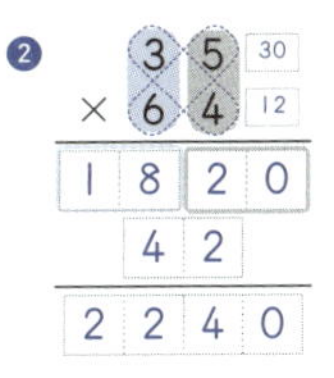 **36** 비법의 완성

세로셈은 크로스 모양으로 빠르게 3

속도를 조금 높여 볼까요? 크로스 모양으로 곱한 값을 살짝 적어 봐도 좋아요.

🐾 5초 계산법으로 풀어 보세요.

① | 3 7 | 28
× | 4 2 | 6
1 2 1 4
3 4
1 5 5 4

② | 5 8 |
× | 3 6 |
1 5 4 8
5 4
2 0 8 8

③ | 6 2 |
× | 5 9 |
3 0 1 8
6 4
3 6 5 8

④ | 4 6 |
× | 9 8 |
3 6 4 8
8 6
4 5 0 8

⑤ | 7 8 |
× | 7 3 |
4 9 2 4
7 7
5 6 9 4

⑥ | 8 9 |
× | 6 7 |
4 8 6 3
1 1 0
5 9 6 3

🐾 5초 계산법으로 풀어 보세요.

① | 4 7 |
× | 2 5 |
8 3 5
3 4
1 1 7 5

② | 3 5 |
× | 6 3 |
1 8 1 5
3 9
2 2 0 5

③ | 5 6 |
× | 5 9 |
2 5 5 4
7 5
3 3 0 4

④ | 8 8 |
× | 4 7 |
3 2 5 6
8 8
4 1 3 6

⑤ | 7 5 |
× | 9 9 |
6 3 4 5
1 0 8
7 4 2 5

⑥ | 9 7 |
× | 8 6 |
7 2 4 2
1 1 0
8 3 4 2

37  비법의 완성
세로셈은 크로스 모양으로 빠르게 4

어려운 게 아니라 차근차근 익숙해지는 거예요.
빠른 셈의 원리를 알고 이용하면 사고력도 쑥쑥 커질 거예요.

🐾 5초 계산법으로 풀어 보세요.

❶
```
    3 2
  × 3 5
  ─────
  9 1 0
    2 1
  ─────
1 1 2 0
```

❷
```
    7 8
  × 2 6
  ─────
1 4 4 8
    5 8
  ─────
2 0 2 8
```

❸
```
    5 9
  × 6 4
  ─────
3 0 3 6
    7 4
  ─────
3 7 7 6
```

❹
```
    8 7
  × 4 8
  ─────
3 2 5 6
    9 2
  ─────
4 1 7 6
```

❺
```
    6 8
  × 9 7
  ─────
5 4 5 6
    1 1 4
  ─────
6 5 9 6
```

❻
```
    9 9
  × 8 6
  ─────
7 2 5 4
    1 2 6
  ─────
8 5 1 4
```

🐾 5초 계산법으로 풀어 보세요.

❶
```
    2 8
  × 6 2
  ─────
1 2 1 6
    5 2
  ─────
1 7 3 6
```

❷
```
    6 7
  × 4 8
  ─────
2 4 5 6
    7 6
  ─────
3 2 1 6
```

❸
```
    5 6
  × 8 7
  ─────
4 0 4 2
    8 3
  ─────
4 8 7 2
```

❹
```
    9 3
  × 5 9
  ─────
4 5 2 7
    9 6
  ─────
5 4 8 7
```

❺
```
    8 9
  × 7 9
  ─────
5 6 8 1
    1 3 5
  ─────
7 0 3 1
```

❻
```
    7 8
  × 9 8
  ─────
6 3 6 4
    1 2 8
  ─────
7 6 4 4
```


38 비법의 완성
답이 바로 나오는 99단 5초 계산법 1

99단의 가로셈과 세로셈을 다시 풀면서 비법을 완성해 봐요.
가로셈일 땐 '스마일 모양', 세로셈일 땐 '크로스 모양'을 떠올리면 돼요!

🐾 5초 계산법으로 풀어 보세요.

❶ $17×42=$
```
  4 1 4
    3 0
─────
= 7 1 4
```

❷ $35×24=$
```
  6 2 0
    2 2
─────
= 8 4 0
```

❸ $53×18=$
```
  5 2 4
    4 3
─────
= 9 5 4
```

❹ $26×39=$
```
  6 5 4
    3 6
─────
= 1 0 1 4
```

❺ $61×46=$
```
  2 4 0 6
      4 0
─────
= 2 8 0 6
```

❻ $29×73=$
```
  1 4 2 7
      6 9
─────
= 2 1 1 7
```

❼ $59×82=$
```
  4 0 1 8
      8 2
─────
= 4 8 3 8
```

❽ $99×67=$
```
  5 4 6 3
      1 1 7
─────
= 6 6 3 3
```

🐾 5초 계산법으로 풀어 보세요.

❶
```
    2 3
  × 4 7
  ─────
  8 2 1
    2 6
  ─────
1 0 8 1
```

❷
```
    6 7
  × 3 5
  ─────
1 8 3 5
    5 1
  ─────
2 3 4 5
```

❸
```
    5 8
  × 6 8
  ─────
3 0 6 4
    8 8
  ─────
3 9 4 4
```

❹
```
    7 2
  × 8 6
  ─────
5 6 1 2
    5 8
  ─────
6 1 9 2
```

❺
```
    8 9
  × 6 6
  ─────
4 8 5 4
    1 0 2
  ─────
5 8 7 4
```

❻
```
    8 5
  × 9 7
  ─────
7 2 3 5
    1 0 1
  ─────
8 2 4 5
```

39 비법의 완성
답이 바로 나오는 99단 5초 계산법 2

🐾 5초 계산법으로 풀어 보세요.

❶ $62 \times 13 =$ 6 0 6
20
= 8 0 6

❷ $26 \times 38 =$ 6 4 8
34
= 9 8 8

❸ $45 \times 22 =$ 8 1 0
18
= 9 9 0

❹ $18 \times 74 =$ 7 3 2
60
= 1 3 3 2

❺ $53 \times 36 =$ 1 5 1 8
39
= 1 9 0 8

❻ $47 \times 68 =$ 2 4 5 6
74
= 3 1 9 6

❼ $69 \times 75 =$ 4 2 4 5
93
= 5 1 7 5

❽ $96 \times 87 =$ 7 2 4 2
1 1 1
= 8 3 5 2

이제 99단 곱셈을 5초 만에 풀 수 있나요?
빠르게 집중해서 풀어 봐요!

🐾 5초 계산법으로 풀어 보세요.

❶ 3 6
× 3 4
9 2 4
3 0
1 2 2 4

❷ 4 9
× 5 7
2 0 6 3
7 3
2 7 9 3

❸ 5 7
× 6 8
3 0 5 6
8 2
3 8 7 6

❹ 8 2
× 7 6
5 6 1 2
6 2
6 2 3 2

❺ 7 9
× 8 9
5 6 8 1
1 3 5
7 0 3 1

❻ 9 8
× 9 7
8 1 5 6
1 3 5
9 5 0 6

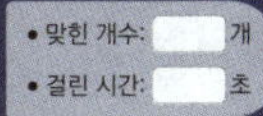

99단 3초 곱셈 통과 문제 1
- 십의 자리 수가 같고, 일의 자리 수의 합이 10인 경우

• 맞힌 개수: [ ] 개
• 걸린 시간: [ ] 초

🐾 다음 계산을 하세요.

❶ $24 \times 26 =$ 6 2 4

❷ $45 \times 45 =$ 2 0 2 5

❸ $67 \times 63 =$ 4 2 2 1

❹ $52 \times 58 =$ 3 0 1 6

❺ $79 \times 71 =$ 5 6 0 9

❻ $86 \times 84 =$ 7 2 2 4

❼ 2 3
× 2 7
6 2 1

❽ 3 8
× 3 2
1 2 1 6

❾ 6 1
× 6 9
4 2 0 9

❿ 9 4
× 9 6
9 0 2 4

125

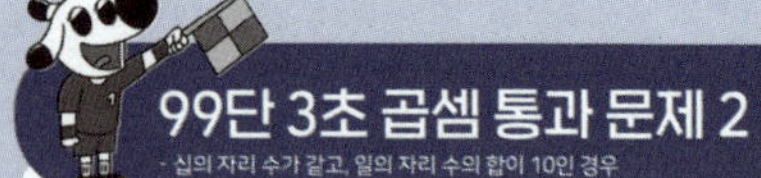 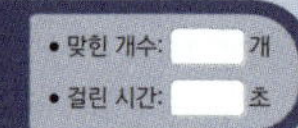

99단 3초 곱셈 통과 문제 2
- 십의 자리 수가 같고, 일의 자리 수의 합이 10인 경우

• 맞힌 개수: ☐ 개
• 걸린 시간: ☐ 초

😺 다음 계산을 하세요.

❶ $22 \times 28 =$ 616

❷ $33 \times 37 =$ 1221

❸ $54 \times 56 =$ 3024

❹ $66 \times 64 =$ 4224

❺ $85 \times 85 =$ 7225

❻ $98 \times 92 =$ 9016

❼
$$\begin{array}{r} 41 \\ \times\ 49 \\ \hline 2009 \end{array}$$

❽
$$\begin{array}{r} 65 \\ \times\ 65 \\ \hline 4225 \end{array}$$

❾
$$\begin{array}{r} 77 \\ \times\ 73 \\ \hline 5621 \end{array}$$

❿
$$\begin{array}{r} 89 \\ \times\ 81 \\ \hline 7209 \end{array}$$

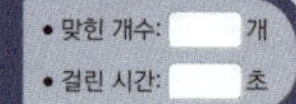

99단 3초 곱셈 통과 문제 1
- 십의 자리 수의 합이 10이고, 일의 자리 수가 같은 경우

• 맞힌 개수: ☐ 개
• 걸린 시간: ☐ 초

😺 다음 계산을 하세요.

❶ $14 \times 94 =$ 1316

❷ $35 \times 75 =$ 2625

❸ $88 \times 28 =$ 2464

❹ $49 \times 69 =$ 3381

❺ $63 \times 43 =$ 2709

❻ $56 \times 56 =$ 3136

❼
$$\begin{array}{r} 26 \\ \times\ 86 \\ \hline 2236 \end{array}$$

❽
$$\begin{array}{r} 72 \\ \times\ 32 \\ \hline 2304 \end{array}$$

❾
$$\begin{array}{r} 99 \\ \times\ 19 \\ \hline 1881 \end{array}$$

❿
$$\begin{array}{r} 57 \\ \times\ 57 \\ \hline 3249 \end{array}$$

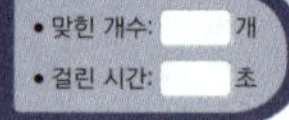

99단 3초 곱셈 통과 문제 2
- 십의 자리 수의 합이 10이고, 일의 자리 수가 같은 경우

• 맞힌 개수: ☐ 개
• 걸린 시간: ☐ 초

😺 다음 계산을 하세요.

❶ $25 \times 85 =$ 2125

❷ $44 \times 64 =$ 2816

❸ $37 \times 77 =$ 2849

❹ $58 \times 58 =$ 3364

❺ $92 \times 12 =$ 1104

❻ $65 \times 45 =$ 2925

❼
$$\begin{array}{r} 16 \\ \times\ 96 \\ \hline 1536 \end{array}$$

❽
$$\begin{array}{r} 83 \\ \times\ 23 \\ \hline 1909 \end{array}$$

❾
$$\begin{array}{r} 55 \\ \times\ 55 \\ \hline 3025 \end{array}$$

❿
$$\begin{array}{r} 79 \\ \times\ 39 \\ \hline 3081 \end{array}$$

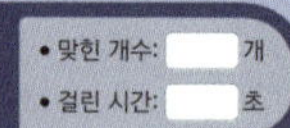

99단 5초 곱셈 통과 문제 1

• 맞힌 개수: ☐ 개
• 걸린 시간: ☐ 초

😺 다음 계산을 하세요.

❶ $12 \times 56 =$
$$\begin{array}{r} 512 \\ 16\ \ \\ \hline = 672 \end{array}$$

❷ $45 \times 23 =$
$$\begin{array}{r} 815 \\ 22\ \ \\ \hline = 1035 \end{array}$$

❸ $78 \times 39 =$
$$\begin{array}{r} 2172 \\ 87\ \ \\ \hline = 3042 \end{array}$$

❹ $64 \times 85 =$
$$\begin{array}{r} 4820 \\ 62\ \ \\ \hline = 5440 \end{array}$$

❺
$$\begin{array}{r} 42 \\ \times\ 24 \\ \hline 808 \\ 20\ \ \\ \hline 1008 \end{array}$$

❻
$$\begin{array}{r} 36 \\ \times\ 57 \\ \hline 1542 \\ 51\ \ \\ \hline 2052 \end{array}$$

❼
$$\begin{array}{r} 65 \\ \times\ 59 \\ \hline 3045 \\ 79\ \ \\ \hline 3835 \end{array}$$

❽
$$\begin{array}{r} 81 \\ \times\ 66 \\ \hline 4806 \\ 54\ \ \\ \hline 5346 \end{array}$$

99단 5초 곱셈 통과 문제 2

맞힌 개수: ☐ 개
걸린 시간: ☐ 초

😺 다음 계산을 하세요.

❶ $43×18=$ 4 2 4
　　　 3 5
　　 $=$ 7 7 4

❷ $39×54=$ 1 5 3 6
　　　 5 7
　　 $=$ 2 1 0 6

❸ $86×57=$ 4 0 4 2
　　　 8 6
　　 $=$ 4 9 0 2

❹ $68×96=$ 5 4 4 8
　　　 1 0 8
　　 $=$ 6 5 2 8

❺　　 2 7
　 $×$ 5 3
　　 1 0 2 1
　　　 4 1
　　 1 4 3 1

❻　　 7 4
　 $×$ 4 5
　　 2 8 2 0
　　　 5 1
　　 3 3 3 0

❼　　 6 8
　 $×$ 7 6
　　 4 2 4 8
　　　 9 2
　　 5 1 6 8

❽　　 9 7
　 $×$ 8 9
　　 7 2 6 3
　　　 1 3 7
　　 8 6 3 3

99단 5초 곱셈 통과 문제 3

맞힌 개수: ☐ 개
걸린 시간: ☐ 초

😺 다음 계산을 하세요.

❶ $52×17=$ 5 1 4
　　　 3 7
　　 $=$ 8 8 4

❷ $26×48=$ 8 4 8
　　　 4 0
　　 $=$ 1 2 4 8

❸ $63×49=$ 2 4 2 7
　　　 6 6
　　 $=$ 3 0 8 7

❹ $59×84=$ 4 0 3 6
　　　 9 2
　　 $=$ 4 9 5 6

❺　　 3 2
　 $×$ 3 5
　　 9 1 0
　　 2 1
　　 1 1 2 0

❻　　 4 7
　 $×$ 5 3
　　 2 0 2 1
　　　 4 7
　　 2 4 9 1

❼　　 5 6
　 $×$ 9 4
　　 4 5 2 4
　　　 7 4
　　 5 2 6 4

❽　　 8 3
　 $×$ 7 8
　　 5 6 2 4
　　　 8 5
　　 6 4 7 4

99단 5초 곱셈 통과 문제 4

맞힌 개수: ☐ 개
걸린 시간: ☐ 초

😺 다음 계산을 하세요.

❶ $26×35=$ 6 3 0
　　　 2 8
　　 $=$ 9 1 0

❷ $53×39=$ 1 5 2 7
　　　 5 4
　　 $=$ 2 0 6 7

❸ $44×74=$ 2 8 1 6
　　　 4 4
　　 $=$ 3 2 5 6

❹ $98×89=$ 7 2 7 2
　　　 1 4 5
　　 $=$ 8 7 2 2

❺　　 2 7
　 $×$ 6 8
　　 1 2 5 6
　　　 5 8
　　 1 8 3 6

❻　　 7 6
　 $×$ 3 4
　　 2 1 2 4
　　　 4 6
　　 2 5 8 4

❼　　 9 5
　 $×$ 4 5
　　 3 6 2 5
　　　 6 5
　　 4 2 7 5

❽　　 8 9
　 $×$ 9 6
　　 7 2 5 4
　　　 1 2 9
　　 8 5 4 4

99단 5초 곱셈 통과 문제 5

맞힌 개수: ☐ 개
걸린 시간: ☐ 초

😺 다음 계산을 하세요.

❶ $15×42=$ 4 1 0
　　　 2 2
　　 $=$ 6 3 0

❷ $52×34=$ 1 5 0 8
　　　 2 6
　　 $=$ 1 7 6 8

❸ $36×58=$ 1 5 4 8
　　　 5 4
　　 $=$ 2 0 8 8

❹ $85×57=$ 4 0 3 5
　　　 8 1
　　 $=$ 4 8 4 5

❺　　 4 2
　 $×$ 3 4
　　 1 2 0 8
　　　 2 2
　　 1 4 2 8

❻　　 2 7
　 $×$ 8 6
　　 1 6 4 2
　　　 6 8
　　 2 3 2 2

❼　　 5 8
　 $×$ 6 5
　　 3 0 4 0
　　　 7 3
　　 3 7 7 0

❽　　 9 3
　 $×$ 7 9
　　 6 3 2 7
　　　 1 0 2
　　 7 3 4 7

99단 5초 곱셈 통과 문제 6

- 맞힌 개수: ☐ 개
- 걸린 시간: ☐ 초

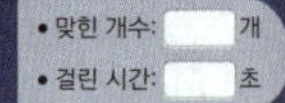

🐾 다음 계산을 하세요.

❶ $36 \times 24 =$ 6 2 4
24
= 8 6 4

❷ $43 \times 59 =$ 2 0 2 7
5 1
= 2 5 3 7

❸ $45 \times 67 =$ 2 4 3 5
5 8
= 3 0 1 5

❹ $79 \times 81 =$ 5 6 0 9
7 9
= 6 3 9 9

❺
```
      2 9
  ×   7 3
---------
  1 4 2 7
      6 9
---------
  2 1 1 7
```

❻
```
      6 8
  ×   4 6
---------
  2 4 4 8
      6 8
---------
  3 1 2 8
```

❼
```
      5 2
  ×   9 5
---------
  4 5 1 0
      4 3
---------
  4 9 4 0
```

❽
```
      9 4
  ×   8 8
---------
  7 2 3 2
    1 0 4
---------
  8 2 7 2
```